图解鸡病防治实用技术

防治实用技术

李 婧 主编

化学工业出版社

·北京·

本书主要介绍了常见鸡传染病、寄生虫病、普通病、中毒病的防治，涉及疾病的名称、病原、病因、流行病学、临床症状、病理变化、诊断及防控措施。

本书可作为基层兽医工作者、鸡场技术人员、动植物检验检疫工作者的工具书，也可供大中专院校动物医学专业、动物科学专业等相关专业师生参考。

图书在版编目（CIP）数据

图解鸡病防治实用技术 / 李婧主编．—北京：化学工业出版社，2020.5
ISBN 978-7-122-36396-1

Ⅰ．①图…　Ⅱ．①李…　Ⅲ．①鸡病 - 防治 - 图解
Ⅳ．① S858.31-64

中国版本图书馆 CIP 数据核字（2020）第 039767 号

责任编辑：彭爱铭　　　　　　　　装帧设计：张　辉
责任校对：杜杏然

出版发行：化学工业出版社（北京市东城区青年湖南街 13 号　邮政编码 100011）
印　　装：天津图文方嘉印刷有限公司
710mm×1000mm　1/16　印张 11¾　字数 207 千字　2020 年 7 月北京第 1 版第 1 次印刷

购书咨询：010-64518888　　售后服务：010-64518899
网　　址：http：//www.cip.com.cn
凡购买本书，如有缺损质量问题，本社销售中心负责调换。

定　　价：68.00 元　　　　　　　　　　　版权所有　违者必究

编写人员名单

主　编　李　婧　山东畜牧兽医职业学院

参　编　武世珍　山东畜牧兽医职业学院

　　　　　提金凤　山东畜牧兽医职业学院

　　　　　迟灵芝　山东畜牧兽医职业学院

　　　　　毛红彦　山东畜牧兽医职业学院

　　　　　葛春艳　威海市文登区畜牧兽医技术服务中心

　　　　　刘军河　淄博市动物卫生监督所

　　　　　王晓赟　青岛易邦生物有限公司

　　　　　王　乐　齐鲁动物保健品有限公司

　　　　　房启祥　莒县畜牧兽医局

　　　　　颜瑞娟　诸城市畜牧兽医局

　　　　　王攀峰　青岛金久生物技术有限公司

前　言

　　随着市场经济的发展和人民生活需要的增加，我国养鸡业迅猛发展，鸡肉、鸡蛋总产量不断攀升，产业竞争力明显增强，养鸡业已成为畜牧业生产中发展最快、现代化水平最高的产业之一。然而随着养殖规模的扩大，环境污染的加剧，养殖数量的增加，疾病问题也随之而来，养鸡生产中疾病不断发生，新疫病不断出现，给养鸡业造成严重的经济损失。

　　为做好鸡病防治工作，促进养鸡业健康发展，笔者编写了本书，详细介绍了常见鸡传染病、寄生虫病、普通病、中毒病的特征及其诊断、防治措施。本书对每种疾病的病原、病因、流行病学、临床症状、病理变化、诊断及防控措施等方面都做了全面而详细的介绍，尤其配有大量的图片，形象直观地对每种鸡病的症状与病变进行了描述与说明。

　　本书通俗易懂，内容全面，知识丰富，实用性强，是广大基层兽医工作者、鸡场养殖人员和技术人员、动物检疫检验工作者应备的工具书，同时也可作为大中专院校的动物医学专业、动物科学专业、动物防疫与检疫专业师生的参考用书。

　　由于笔者水平有限，书中难免有不妥之处，敬请广大读者批评指正。

编者

2019年12月

目 录

第 一 章
养鸡场生物安全措施

生物安全措施是指将引起禽病或人畜共患传染病的病原微生物、寄生虫和其他有害生物排除或拒绝在养殖场区外的安全管理措施。简要地讲就是防止有害生物（包括微生物、原虫、寄生虫、昆虫、啮齿动物和野生鸟类等）进入和感染鸡群。生物安全体系是一种以切断传播途径为主要内容的预防疾病发生的生产体系，该体系集饲养管理和疫病预防为一体，通过阻止各种致病因子的侵入，防止家禽受到疾病的危害，不仅对疾病的综合性防治具有重要意义，而且对提高家禽的生产性能，保证其处于最佳生长状态也是必不可少的。

养鸡场必须高度重视生物安全，真正做到"防重于治""预防为主"。

第一节　养鸡场选址与布局

一、养鸡场选址

养鸡场选址是建场养鸡首先要考虑的问题，应从自然环境条件和社会环境条件进行全面考虑。

1. 自然环境条件

自然环境条件主要包括地势、地形、土壤、水源、水质等方面。

鸡场应选择地势高燥、平坦、排水良好、向阳背风的地方，这样有利于鸡场保温、采光、通风和干燥，建立鸡场内良好的小气候（图1-1）。鸡场的地形要开阔、整齐和紧凑，不宜过于狭长，要避开坡底、长形谷地和风口。可充分利用自然存在的地形、地物，如林带、河川、沟渠、树木、山岭等作为场界的天然屏障。建造鸡场时应选择透气性、透水性强，吸湿性、导热性小，抗压性、自净能力强，毛细管作用弱，质地均匀的土壤，理想土壤是砂壤土。鸡场要有充足、可靠的水源，水质应符合卫生条件和标准，取用方便、便于防护（图1-2）。

图1-1 鸡场环境

图1-2 符合条件的饮水

2. 社会环境条件

社会环境条件是指鸡场与周围环境的联系，如位置、交通、供电、环境等。

鸡场应建在居民区的下风处，地势低于居民区，远离居民区的污水排放口。与居民区之间的距离，一般在3000m以上，与其他鸡场距离不少于5000m。鸡场的交通要便利、路基坚固、路面平坦等，以免车辆颠簸造成种蛋破损。噪声干扰要少，鸡场应距铁路、公路干线、航运河道等1000m以上，距普通公路500m以上。应了解供电源位置与鸡场之间的距离、最大供电量、有无可能双路供电等，鸡场也可自备发电机，从而保证鸡场供电的稳定性。新建、改建、扩建鸡场，应当符合畜牧业发展规划、畜禽养殖污染防治规划、动物防疫条件，并进行环境影响评估。

科学合理地选址，可为鸡场安全高效的生产奠定坚实的基础。

二、鸡场的布局

随着我国畜牧业的发展，鸡场建设日趋专业化，尤其是大型养鸡场，分设种鸡场、孵化场、商品蛋（肉）鸡场等，各场都单独建立，相互之间间隔一定距离。

鸡场按功能不同分为生产区、办公生活区、生产辅助区、隔离区等，布局应服从生物安全的需要。

1. 生产区

生产区是鸡场的核心。生产区入口设有消毒室和消毒池（图1-3），工作人员进场须经消毒室消毒，在更衣室换上消毒后的工作服、帽、靴才能进入鸡舍。消毒室可配置消毒池、紫外线灯等。鸡舍的建设应从生产工艺和防疫方面考虑，根据常年的主导风向，按照育雏舍、育成舍和成鸡舍的顺序排列，育雏舍位于上风位置，育成舍和成鸡舍位于下风位置，同类鸡舍并排建设，以减少鸡群发病机会，利于鸡的转群。

图1-3 生产区入口消毒池

2. 办公生活区

办公生活区（图1-4、图1-5）包括办公室、财务室、门卫室、食堂、宿舍、活动室、浴室等，应建在场区常年主导风向的上风处，布局应利于疫病的防控。鸡场大门处应设车辆消毒池，车辆进场须经消毒池和喷雾消毒。根据实际情况，办公生活区和生产区之间可设消毒通道，无关人员不能随意进入生产区。

图1-4　办公区

图1-5　生活区

3. 生产辅助区

生产辅助区包括饲料车间、蛋库（图1-6）、兽医室、隔离室、焚化炉、供电室、车库、粪污处理场等。兽医室、焚化炉、粪污处理场等应设在生产区的下风向或侧风向。

4. 隔离区

包括粪场、粪库、污水池、化粪池（粪污处理设备）（图1-7）等。

三、鸡场道路

鸡场道路分净道（图1-8）和污道（图1-9），净道是场区的主干道，是饲料和

图1-6　蛋库

图1-7　粪污处理设备

图1-8　净道

图1-9 污道

产品的运输通道，常用水泥混凝土路面、平整石块或条石路面。污道是运输粪便、病死鸡、淘汰鸡及废弃设备的专用道，路面可同净道，也可采用碎石、砾石或石灰渣土路面。净道和污道两者分开，互不交叉，不能混用。

四、鸡场的绿化

绿化可以美化环境，也可以改善场内小气候、防暑降温、防火等。鸡场在规划时，应划出绿化带，发挥各种林木的功能作用。

场区应设隔离林带，分隔场内各区。防风林带（图1-10）可设在各场区之间及围墙内外，以降低场内风速、防低温气流及风沙。近舍绿化能为鸡舍墙壁、屋顶、门窗等遮阴，可选柿子树、核桃树、枣树等枝条长、树冠大、透风性好的树种，这样夏季不会阻碍通风，冬季不会遮挡阳光。

图1-10 防风林带

第二节　日常饲养管理

鸡群日常的饲养管理，主要包括引种、消毒、免疫接种、药物预防、定期杀虫灭鼠、废弃物及污染物的处理等，这在培育健康鸡群、增强机体抵抗力方面发挥着重要作用。

一、引种

引进雏鸡或种蛋时，应充分了解产地疫情和饲养管理情况，要从具有种禽经营许可证、饲养管理水平高、质量信誉好、没有垂直传播疾病的种鸡场引入种蛋或雏鸡。若引进雏鸡，还要监督马立克氏病疫苗的接种情况，并了解其后代马立克氏病的发病情况。从国外引进种鸡时，必须按规定进行隔离饲养、检疫和健康检查，官方兽医确认安全后方可入场饲养。新引进的鸡群也应进行隔离检疫、健康检查，确认安全后可入场饲养。

二、消毒

消毒是指运用各种方法清除或杀灭环境中的各类病原微生物，以切断疫病的传播途径，防止疫病的发生和蔓延。

根据消毒的目的，消毒可以分为预防性消毒（平时消毒）、临时消毒（随时消毒）和终末消毒。预防性消毒是指为预防疫病的发生，结合平时的饲养管理，对禽舍、场地、用具和饮水等进行的定期或不定期消毒。临时消毒是指当发生疫病时，为及时消灭被传染源排出的病原微生物而采取的消毒措施，消毒次数增加，范围扩大。终末消毒是指在病禽解除隔离、痊愈或死亡后，或疫区解除封锁之前，对疫区内可能残留的病原体采取的全面、彻底的大消毒。

（一）消毒方法

1. 物理消毒法

物理消毒法是指通过机械性清除、冲洗、通风换气、热力、光线等物理方法对环境、物品中的病原体进行清除或杀灭的方法（图1-11）。如机械性清除是通过清扫和洗刷鸡舍来清除粪尿、残留物、污物等，该方法虽不能彻底杀灭病原体，但可有效减少鸡舍的病原微生物，简便易行，但需配合其他消毒方法进行；日光消毒一般是采用阳光和人工紫外线进行杀菌消毒；热力消毒主要是采用焚烧、煮沸等方式消灭病原微生物。

图1-11　粪便的清除

2. 化学消毒法

化学消毒法是指用化学药物（消毒剂）杀灭病原体或使其失去活性的方法。常用的化学消毒剂种类很多，主要有以下几种。

（1）碱类　常用的有氢氧化钠、生石灰（氧化钙）和草木灰等。

氢氧化钠对病毒、细菌、细菌芽孢和寄生虫卵都有杀灭作用，主要用于养殖场环境及用具的消毒。2%浓度用于病毒性或细菌性污染的消毒；5%浓度用于杀灭细菌芽孢。

生石灰常用10%～20%的混悬液，对大多数细菌繁殖体有杀灭作用，但对炭疽芽孢和结核杆菌无效。10%～20%的石灰乳混悬液可通过粉刷鸡舍的墙壁、地面、粪渠等处进行消毒。也可以将生石灰粉末撒在阴湿地面、粪池周围及污水沟等处进行消毒。

草木灰主要含碳酸钾，20%～30%浓度主要用于鸡舍、运动场、墙壁及食槽的消毒。

（2）酸类　如乳酸、草酸等。20%乳酸溶液在密闭室内加热30～90min，用于空气消毒。

（3）醇类　常用的是75%的乙醇，进行皮肤和器械消毒。

（4）酚类　如苯酚、煤酚（甲酚）、复合酚等。

苯酚又称石炭酸，能杀灭细菌繁殖体，对芽孢无效，对病毒效果差。常用2%～5%的水溶液对污物、用具、车辆、墙壁、运动场及圈舍进行消毒。

煤酚有类似苯酚的臭味，但杀菌作用比苯酚强3倍，能杀灭细菌的繁殖体，对芽孢作用较差。来苏儿是其50%的肥皂溶液，2%用于术前洗手及皮肤消毒；

3%～5%用于器械、物品消毒；5%～10%用于动物圈舍及排泄物等消毒。

（5）卤素类　如漂白粉（氯化石灰）、二氯异氰尿酸钠（优氯净）等。

漂白粉加水后生成次氯酸，能杀灭细菌及其芽孢、病毒及真菌等。

二氯异氰尿酸钠对细菌、病毒作用明显，可用于饮水、器具、环境和粪便的消毒。0.5%～1%水溶液采用喷洒、浸泡、擦拭等方法可杀灭病原体；5%～10%水溶液能杀灭细菌芽孢。本品稳定性差，需现用现配。

（6）氧化剂　如过氧乙酸、高锰酸钾、过氧化氢（双氧水）等。

过氧乙酸对多种病原体和芽孢均有效，除金属和橡胶外，用于多种物品的消毒。0.5%～5%用于环境消毒，0.2%用于器械消毒。

0.1%的高锰酸钾水溶液能杀死细菌繁殖体，用于皮肤、黏膜、创面冲洗消毒；2%～5%溶液能在24h内杀死芽孢，用于器具消毒。与福尔马林混合用于空气熏蒸消毒。

过氧化氢对厌氧菌感染有效，主要用于伤口消毒，常用浓度为1%～3%。

（7）表面活性剂　如新洁尔灭、百毒杀等。

0.05%～0.1%的新洁尔灭水溶液用于手的消毒；0.1%水溶液用于蛋壳喷雾消毒、种蛋浸洗消毒及皮肤、黏膜和器械浸泡消毒。不适用于饮水消毒。

百毒杀用于黏膜、皮肤、器械及环境的消毒作用比新洁尔灭强。0.05%溶液用于黏膜、金属器械消毒；0.1%溶液用于手和皮肤消毒。

（8）挥发性烷化剂　如福尔马林、环氧乙烷等；还有碘酊、碘伏等。

福尔马林是40%甲醛的水溶液，2%～4%水溶液用于圈舍和地面的消毒，1%水溶液用于动物体表消毒。与高锰酸钾混合可用于熏蒸消毒，用量为每立方米14mL福尔马林加入7g高锰酸钾。

2%～5%的碘酊可用于手术部位、注射部位的消毒。1L水中加2%碘酊5～6滴，可用于饮水消毒，能杀死致病菌及原虫。

碘伏能杀灭多种病原体、芽孢，常用于饮水、饲槽、水槽和环境的消毒。

3. 生物消毒法

生物消毒法是指用生物热杀灭病原体的方法，主要用于粪便的无害化处理。如粪便堆积过程中，微生物发酵产热使内部温度达70℃以上，过一段时间便可杀死病毒、细菌（芽孢除外）、寄生虫卵等。

（二）鸡舍的消毒

1. 空舍期消毒

首先采用机械性清除对空舍顶棚、墙壁、地面彻底清扫，将粪便和各种污物全部清除。饲槽、饮水器、围栏、笼具、网床等设施用水洗刷后再冲洗地面。其次采用药物喷洒消毒（图1-12），可用3%～5%来苏儿、0.2%～0.5%过氧乙酸、5%～20%漂白粉等喷洒消毒，为了提高消毒效果，可用2种或2种以上不同种类的消毒剂进行2～3次消毒。最后对空舍采用熏蒸消毒（图1-13），常用福尔马林和高锰酸钾按照2：1的比例进行熏蒸消毒，熏蒸消毒结束后应彻底通风换气。

图1-12　鸡舍喷雾消毒

图1-13　熏蒸消毒

2. 鸡舍门口消毒

鸡舍门口设有消毒池（图1-14），用2%～4%的氢氧化钠，定期更换消毒液，冬天可加8%～10%的食盐防止结冰。

3. 带鸡消毒

可采用0.1%～0.2%过氧乙酸或0.1%次氯酸钠进行喷雾消毒。

图1-14　消毒池

4. 运载工具消毒

运载工具在卸货后，先清除污物，洗刷干净。然后用2%～5%的漂白粉、2%～4%氢氧化钠或0.5%的过氧乙酸等喷洒消毒。消毒后用清水洗刷，擦干或晾干。

三、免疫接种

免疫接种是给动物接种疫苗、类毒素或免疫血清等，激发动物机体产生特异性免疫力，使易感动物转化为非易感动物的重要手段，是预防和控制动物疫病的重要措施。

1. 疫苗类型

疫苗是由病原微生物或其组分、代谢产物经特殊处理制成，包括细菌、支原体、螺旋体或其组分等制成的菌苗，病毒、立克次体或其组分制成的疫苗和某些细菌外毒素脱毒后制成的类毒素。一般情况下，人们将菌苗、疫苗和类毒素统称为疫苗。

疫苗可分为活疫苗、灭活疫苗（简称灭活苗）、代谢产物和亚单位疫苗以及生物技术疫苗等。活疫苗包括弱毒苗和异源苗。弱毒苗是由病毒的弱毒株或无毒株制备而成，是目前使用最广泛的疫苗。其接种途径多，能激发机体局部和全身免疫应答，生产成本较低。但使用时有些弱毒苗存在散毒，有的副作用较大，有的可能存在毒力返强的危险。异源苗是指具有共同保护性抗原的不同种病毒制备而成的疫苗，如预防马立克氏病的火鸡疱疹病毒疫苗和预防鸡痘的鸽痘病毒疫苗等。

灭活苗是采用物理或化学方法灭活弱毒苗，破坏其传染性因子，但保留其免疫原性，又称死苗。灭活苗安全，无毒力返强现象，稳定，便于储存和运输，且激发机体产生的抗体持续时间长。但灭活苗使用时剂量较大，接种方法只能采用注射，工作量大，不产生局部免疫，细胞免疫的能力也较弱，免疫力产生较迟，一般使用时需要佐剂来增强其免疫效果。

代谢产物和亚单位疫苗是采用细菌代谢产物如毒素、酶等制成的疫苗，如破伤风毒素、白喉毒素、肉毒毒素等经甲醛灭活后制成的类毒素。

生物技术疫苗是利用生物技术制成的疫苗，包括基因工程亚单位疫苗、合成肽疫苗、抗独特型疫苗、基因工程活疫苗、DNA疫苗等。

2. 免疫接种途径

（1）滴鼻、点眼　滴鼻（图1-15）、点眼（图1-16）是疫苗通过上呼吸道或眼结膜进入体内的一种免疫方式，常用于雏鸡和产蛋期鸡群的免疫。该免疫方法不受母源抗体干扰，应激小，能获得良好的免疫效果。如新城疫Ⅱ系、Ⅳ系（LaSota）、C30等疫苗，传染性支气管炎疫苗、传染性喉气管炎弱毒苗等常用该方法免疫。

图1-15　滴鼻

图1-16　点眼

（2）注射　注射免疫包括肌内注射和皮下注射。肌内注射可采用胸部肌肉（图1-17）、腿部肌肉或翅根部肌肉进行，进针时针头应与皮肤呈30°～45°夹角，不要垂直进针。种鸡多采用肌内注射。皮下注射多采用颈背部皮下，如马立克氏病疫苗。

图1-17　胸肌注射

（3）气雾免疫　气雾免疫是指采用气雾发生器使疫苗形成雾化颗粒，随呼吸道进入鸡体内，达到免疫的目的。气雾免疫省时省力，特别适用于对呼吸道有亲嗜性的疫苗。气雾免疫时应注意，应采用特殊气雾发生设备，雾滴颗粒大小要适中；气雾免疫时疫苗量要加倍；采用蒸馏水或去离子水稀释疫苗，水中可加入0.1%的脱脂乳；气雾免疫时房舍要密闭，喷完后20min才能开启门窗。

（4）刺种　刺种（图1-18）适合于鸡痘疫苗的接种。将稀释后的疫苗用专用刺种针在翼膜内侧无血管三角区进行免疫。

图1-18　翼膜刺种

（5）饮水免疫　饮水免疫适合于大群鸡的免疫，应激少，省时省力，但由于鸡群饮入的疫苗量不均匀，导致抗体效价参差不齐。饮水免疫时应注意：稀释疫苗用水必须洁净，不能含有消毒剂；饮水器具要洁净、不含金属离子；疫苗用量比其他免疫途径加倍，可在饮水中加入0.1%的脱脂乳，保护疫苗的活性；饮水免疫前应适当控水2～4h。

3. 免疫程序的制定

制定免疫程序时应考虑以下因素：

① 当地疫情和疫病性质。制定免疫程序时应了解本地区家禽某种疫病的流行情况和规律，免疫接种应安排在易感日龄和常发季节前进行。

② 不同种类和用途的鸡群，其免疫程序不同。

③ 通过检测鸡群的抗体水平确定免疫时间。

④ 疫苗的品系、性质不同，免疫途径和适用鸡的日龄也不同。弱毒苗受母源抗体影响较大，最好在母源抗体消失后进行。

⑤ 鸡群对疫苗的免疫应答能力随着日龄的增长而提高，大部分疫苗初次接种时产生免疫的效果都比较差，需要再次接种才能产生较强的免疫力。

4. 常用免疫程序（仅供参考）

（1）蛋鸡（父母代、商品代）免疫程序　见表1-1。

（2）肉鸡（父母代）免疫程序　见表1-2。

（3）商品肉鸡免疫程序　见表1-3。

表1-1　蛋鸡（父母代、商品代）免疫程序

日龄/天	疫苗种类	接种途径	备注
1	马立克氏病疫苗、 传染性支气管炎弱毒苗	皮下注射 滴鼻或点眼	1.5～2羽份
7～10	新城疫Ⅳ系苗	滴鼻或点眼	2羽份
	禽流感H5N2	颈皮下注射	
14～15	传染性法氏囊病疫苗	滴口或饮水	2羽份
22～25	新城疫Ⅳ系苗 新城疫油乳苗	点眼或肌注 胸肌注射	2羽份 半羽份，种鸡宜用
	鸡痘苗	翼膜刺种	
28～32	传染性法氏囊病中等毒力苗 禽流感H5N2+H9	饮水 颈皮下注射	2羽份
37～40	传染性支气管炎H52苗	饮水	2羽份

续表

日龄/天	疫苗种类	接种途径	备注
60～70	传染性鼻炎油乳苗	胸肌注射	1羽份
	新城疫Ⅳ系苗	肌注或气雾免疫	2羽份（抗体监测结果）
80	传染性支气管炎H52苗	饮水	4羽份
90	传染性喉气管炎苗	点眼	1羽份
	禽脑脊髓炎活苗	饮水	1.5羽份，疫区使用，种鸡宜用
	新支减三联油苗	肌注	1.5羽份
120	鸡痘苗	翼膜刺种	2.5～3羽份
	传染性鼻炎油乳苗	胸肌注射	1羽份
130	禽流感H5+H9	肌注	1羽份，种鸡用
140	新城疫油乳苗	肌注	1.5羽份
	传染性法氏囊病油乳苗	肌注	1羽份，种鸡用
280	新城疫油乳苗	肌注	1.5羽份
	传染性法氏囊病油苗	肌注	1羽份，种鸡用

表1-2　肉鸡（父母代）免疫程序

日龄	疫苗种类	接种途径
1～2天	新支二联	点眼
	马立克病疫苗	颈部皮下注射
8天	禽流感二价苗（H5+H9）	颈部皮下注射
	球虫苗	滴口
14天	新城疫活苗	点眼
	新城疫油苗	颈皮下注射
18天	法氏囊疫苗	滴口
	禽流感疫苗	胸肌注射
25天	传染性支气管炎弱毒苗（H120）	点眼
	鸡痘活苗	翼膜刺种
28天	法氏囊疫苗	滴口或饮水
35天	新城疫死苗	颈部皮下注射
42天	传染性支气管炎弱毒苗（H52）	饮水
	病毒性关节炎	颈部皮下注射
8周	传染性鼻炎	胸肌注射
	新城疫活苗	点眼

日龄	疫苗种类	接种途径
9周	传染性喉气管炎活苗 脑脊髓炎＋鸡痘	点眼 翼膜刺种
12周	禽流感二价苗（H5+H9）	颈部皮下注射
19周	支原体灭活苗 传染性喉气管灭活苗	颈部皮下注射 胸肌注射
20周	新城疫活苗 法氏囊疫苗 产蛋下降征＋新城疫+传染性支气管炎疫苗	点眼 胸肌注射 胸肌注射
22周	禽流感二价苗（H5+H9）	颈部皮下注射
25周	新城疫活苗	胸肌注射
40周	新城疫活苗	饮水

表1-3　商品肉鸡免疫程序

日龄/天	疫苗种类	接种途径	备注
1	马立克氏病疫苗	皮下注射	可选择
7~10	新城疫Clone30+MA5二联苗 Ⅳ系+H120+28／86二联三价苗	点眼、滴鼻 点眼、滴鼻	任选一种
14	传染性法氏囊病疫苗	饮水	2羽份
21	新城疫Clone 30+MA5二联苗或 Ⅳ系+H120+28／86二联三价苗 新城疫油乳苗	点眼、滴鼻 皮下注射	2羽份（任选一种） 0.5羽份（也可在7~10日龄与活苗点眼同时进行）
28	传染性法氏囊病中等毒力苗	饮水	2羽份

　　接种疫苗后能够进行免疫检测的，要定期或根据疫病流行动态进行检测，特别是新城疫和禽流感。

四、药物预防

　　药物预防是养鸡生产中常用的疫病预防措施，是指正常饲养管理中，在饲料或饮水添加适当抗生素、中药制剂、微生态制剂等，以调节机体代谢、增强机体抵抗力和预防多种疾病的发生。

1. 用药原则

药物预防应以不影响动物产品品质和消费者健康为前提，应遵循以下原则。

（1）药物敏感性　病原微生物对药物的敏感性和耐药性不同，可以通过药敏试验（图1-19）选择敏感性高的药物用于家禽疾病的预防，要适时更换药物，以防止耐药性的产生。

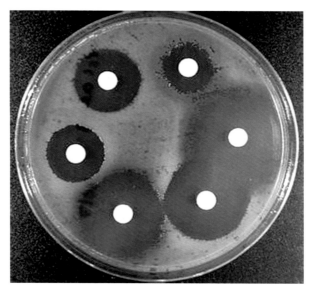

图1-19　药敏试验

（2）动物敏感性　不同种类、不同日龄的鸡对药物的敏感性不同，应区别对待。如马杜拉霉素，休药期5天，蛋鸡产蛋期禁用；3mg/kg速丹拌料可用于鸡预防球虫病，但对鸭、鹅有毒性，甚至引起死亡。

（3）有效剂量　药物达到最低有效剂量，才能发挥预防效果。有的药物有效剂量与中毒剂量间相差太小，掌握不好就会引起中毒，如喹乙醇。有的药物低浓度时具有预防和治疗作用，高浓度时毒性很大，使用时要注意。

（4）配伍禁忌　两种或两种以上药物联合使用时，有时会发生理化性质改变，导致药物出现沉淀、分解、失效、毒性等。因此使用药物预防时，一定要注意配伍禁忌。

（5）药物成本　尽可能选择预防效果好、价格低廉、给药途径方便的药物。

（6）安全性　尽量选择无不良反应或不良反应小的药物，注意药物的休药期，合理正确添加，以确保家禽的安全、家禽产品的品质和消费者的健康。

2. 给药方式

（1）拌料给药　将药物均匀地拌入饲料中，家禽通过采食摄入药物发挥药效，可用于长期给药。该法简便易行，节省人力，应激小。拌料给药应准确掌握药物用量，确保搅拌均匀以及注意发生的不良反应。

（2）饮水给药　药物溶解于水中，家禽通过饮水摄入药物发挥药效（图1-20）。饮水给药的药物应是水溶性的，给药时应严格掌握动物给水量，准确计算用药剂量，以保证药饮效果。给药前应停水一段时间，让动物在一定时间内充分喝到药水。

图1-20　饮水给药

（3）气雾给药　使用药物气雾器械，将药物弥散到空气中，家禽通过呼吸吸入体内或作用于畜禽皮肤及黏膜的一种给药方式。应根据禽舍空间和气雾设备，准确计算用药剂量。

（4）外用给药　外用给药主要是为杀死家禽体表寄生虫或病原微生物的给药方式，包括喷洒、喷雾、熏蒸和药浴等不同的方法。应注意药物浓度和使用时间。

五、杀虫、灭鼠和防鸟

鸡舍及周围环境常采用电子灭蚊、灭蝇灯具和化学药物来杀灭苍蝇和吸血昆虫，防止疾病传播。灭鼠可采用各种捕鼠工具、器械，药物灭鼠也是常用的方式，可选择经口灭鼠药和熏蒸灭鼠药。鸟类如麻雀和喜鹊是养鸡场的常客，它们不仅偷食鸡食，也是很多重要疫病的传播者。可以通过在养鸡场上空布网或种植较高较密绿植来预防。

六、鸡场废弃物的处理

鸡场废弃物主要包括鸡粪、羽毛、垫料、病死鸡和废水等，它们污染空气和水源，传播病原体，危害农田生态，因此科学处理鸡场废弃物，实现资源化处理是非常重要的。

鸡粪的处理方法主要包括堆肥处理、干燥处理有机肥、利用鸡粪生产沼气等不同的处理方式。用足够多的土地来消纳经生物发酵的鸡粪，形成种养良性循环，提升土壤肥力，提高农产品质量。该方式是目前鸡粪处理并资源化利用的重要方式。发酵鸡粪产生沼气也是实现鸡粪资源化利用的重要方式，沼气可用于鸡场的取暖、照明和发电等，沼渣和沼液可用作有机肥。

病死鸡一般处理方法是焚烧和深埋，也可以经过一定的工艺处理后加工成优质的肉骨粉。

鸡场生产过程中产生的污水含高浓度的有机物和大量病原菌，为了防止污染环境，必须要进行污水处理，可根据情况采用物理、化学或生物方法进行净化。

七、全进全出的饲养管理制度

从防疫的角度来看，养鸡场应采取全进全出的畜牧制度。所谓全进全出，是指在一个相对独立的饲养单元内，饲养相同日龄、品种和生产性能的鸡，生产结束或需要淘汰时同时出栏。这种畜牧制度有利于病原体的消灭，防止疫病的迅速传播。实行全进全出的畜牧制度和科学的饲养管理，有利于实现家禽各项个体特性统计学上的一致性，也有利于群体生产性能的提高和标准化、批量化生产。

第三节　发病后的控制措施

一、疫情报告

当发现重大或疑似重大动物疫情时，应立即向当地动物防疫监督机构报告，家禽疫病中只有发生高致病性禽流感时需要疫情报告。任何单位和个人不得瞒报、谎报、迟报、漏报疫情，不得授意他人瞒报、谎报、迟报动物疫情，不得阻碍他人报告疫情。

二、隔离

隔离是将发病动物或可疑感染动物、假定健康动物与健康动物分开，严加管理。隔离是为了控制传染源，防止动物疫病进一步扩散，将疫情控制在最小范围内，是控制、扑灭疫情的重要措施之一。

1. 发病动物

发病动物是指有明显症状或其他特殊检查阳性的动物，它们随时排出病原体，污染环境。隔离发病动物，严格饲养、管理和消毒，对发病动物进行治疗或扑杀，对病死家禽进行无害化处理。

2. 可疑感染动物

可疑感染动物是指尚未出现任何症状，但与发病动物或污染环境有密切接触的畜禽，可能处于疫病的潜伏期，也可能向外排出病原。隔离后严格消毒，可进行紧急免疫接种或药物预防。若出现症状应立即转为发病动物处理，若经过该病最长潜伏期仍无症状者，转为假定健康动物。

3. 假定健康动物

假定健康动物是指疫区或受威胁地区中无任何症状、与发病动物也无任何接触的动物。对其应严格隔离并采取保护措施，采取紧急免疫接种或药物预防，同时加强消毒。

三、消毒

当发生疫病时，为了及时消灭传染源排出的病原体应采取严格的消毒措施。如在隔离封锁期间，对患病动物的排泄物、分泌物及污染的环境、用具、物品、设施等应进行反复、多次消毒。当病畜解除隔离、痊愈或死亡后，或疫区解除封锁之前，对疫区内可能残留的病原体应采取全面、彻底大消毒，即终末消毒。

四、紧急接种

发生疫病时，对疫区和受威胁区内尚未发病的畜禽，可采取紧急免疫接种，其目的是建立"免疫带"以包围疫区，阻止疫病向外扩散。紧急免疫接种常采用高免血清或卵黄抗体，也可以使用疫苗。高免血清或卵黄抗体具有安全、见效快的优点，但免疫期短，用量大，价格高。疫苗具有用量小、价格低、免疫周期长等优点，但缺乏安全性，抗体产生需要一定时间，因此见效速度慢。紧急免疫接种应与隔离、封锁、消毒等措施密切配合。

五、封锁

在爆发某些重要传染病时，在严格隔离病禽的基础上，对疫区应采取封闭措施，以防止疫病向安全区散播或健康畜禽误入疫区而受到污染。执行封锁的原则是早、快、严、小。

1. 封锁区的划分

根据动物疫病流行特点、动物分布、地理环境、居民点以及交通等具体情况，确定疫点、疫区和受威胁区。疫区周围的地区称受威胁区，疫区和受威胁区以外的地区是安全区。封锁的范围一般以疫区为界。严禁疫点内人员、动物、车辆出入。

2. 封锁措施

（1）疫点、疫区　扑杀所有发病动物和同群动物，并进行无害化处理；对病死动物及排泄物，被污染的饲料、垫料及污水进行无害化处理；对被污染的物品、用具、动物圈舍、场地等严格消毒，做好杀虫灭鼠工作。

（2）受威胁区　对易感动物进行疫病监测，紧急免疫接种，建立免疫带。

3. 解除封锁

当疫区内最后一只病禽处理完毕后，经过一个该病最长潜伏期（高致病性禽流感为21天）以上的监测，未出现新病例，彻底消毒后，经上一级动物防疫监督机构验收合格，由原发布封锁令的人民政府宣布解除封锁，撤销疫区。

六、治疗

对于发病家禽，可采用血清、抗生素、化学药物等进行治疗，以减少损失，消灭传染源。同时加强饲养管理，如在饮水或饲料中添加电解多维、葡萄糖、维生素C等，以提高家禽的抵抗力。

对于尚未发病的家禽，也可以采取上述措施进行预防性治疗，以防止疫病的传播。

第二章

鸡传染病防治

第一节　鸡病毒性传染病防治

一、新城疫

新城疫（Newcastle disease，ND）又称亚洲鸡瘟、伪鸡瘟等，是由新城疫病毒引起的主要侵害鸡和火鸡的一种急性、高度接触性传染病，常呈败血性经过。

本病广泛分布于世界各地，是严重危害养禽业的主要疾病之一，被我国列为一类动物疫病。

1. 病原

本病的病原是新城疫病毒（Newcastle disease virus，NDV），属副黏病毒科、副黏病毒亚科、腮腺炎病毒属的禽副黏病毒（APMV），禽副黏病毒共有9个血清型，新城疫病毒为其中的血清1型（APMV-1），是家禽最重要的病原体之一。它只有一个血清型，但不同毒株的毒力差异很大，根据对鸡的致病性不同，可将病毒株分为三型：速发型毒株、中发型毒株和缓发型毒株。

新城疫病毒的囊膜上有特殊的突起结构血凝素，可凝集鸡、鸭、鹅、鸽等禽类以及两栖类、爬行类等动物的红细胞，引起红细胞凝集现象。这种血凝特性能被血清中的血凝抑制抗体所抑制，因此，临床实践中可用血凝试验（HA）来测定疫苗或分离物中的病毒含量，用血凝抑制试验（HI）来鉴定病毒、诊断疾病和免疫监测。

病毒在鸡舍内能存活7周；鸡粪内50℃可存活5个半月；在60℃ 30min即被杀死；在-10℃可存活一年以上；对pH较稳定，pH3～10时不被破坏。对消毒药的抵抗力较弱，常用的消毒药如2%氢氧化钠、5%漂白粉、70%酒精20min即可将病毒杀死。

2. 流行病学

鸡、火鸡、珍珠鸡、野鸡、鹌鹑、鸽子、鹅、鸭等动物对本病都有易感性，其中以鸡最易感，是该病最重要的自然宿主。各日龄的鸡均可感染，但以幼雏和中雏易感性最高。

本病的主要传染源是病鸡和带毒鸡，它们的分泌物、排泄物中含有大量病毒，污染饲料、饮水、地面、用具等，可经消化道感染易感动物；携带病毒的飞沫、尘埃也可经呼吸道感染易感动物。此外，接触其他带毒鸟类（如鹦鹉、鸽、麻雀等）也可传染本病。

新城疫一年四季均可发生，但以冬春季节多发。该病在易感鸡群中迅速传播，呈毁灭性流行，在非免疫鸡群发病率和病死率可高达90%以上；而在免疫鸡群中常发生非典型新城疫，多为散发，发病率5%～10%，病死率低。

3. 临床症状

自然感染的潜伏期一般为3～5天，根据临床表现和病程长短可分为以下三种类型。

（1）最急性型 突然发病，死亡率高而不表现特征性症状。

（2）急性型 发病初期体温升高，食欲减退，病鸡眼半闭或全闭，呈昏睡状，头颈蜷缩、尾翼下垂，冠和肉髯渐变为暗红色或紫黑色；产蛋鸡产蛋下降，蛋壳褪色、软壳蛋、畸形蛋增多。随着病程发展，病鸡咳嗽、呼吸困难、张口伸颈呼吸，并发出"咯咯"的喘鸣音，日龄愈小愈明显；嗉囊内充满酸臭的液体和气体，倒提时口角常有分泌物流出。下痢，粪便呈黄绿色，混有多量黏液。有的病鸡出现神经症状，表现间歇性全身抽搐、扭颈（图2-1），有的腿和翅麻痹。最终体温下降，不久死亡。

图2-1 病鸡肢体抽搐、扭颈

（3）慢性型 多见于流行后期的成年鸡，由急性转变而来，主要表现神经症状，盲目前冲、后退、转圈，啄食不准确，头颈后仰望天或扭曲在背上方等（图2-2），病程10～20天，多数鸡因采食不到饲料而逐渐衰竭死亡，也有少数神经症状的鸡能长期存活。

图2-2　病鸡头颈扭曲

近年来由于病毒毒力增强、疫苗免疫不当等原因，免疫鸡群非典型新城疫发生较多，特别是二免前后的鸡发病最多。鸡群往往无明显异常，或仅有轻度的呼吸道症状，或死亡数略有上升，少数鸡摇头和咳嗽，有的可能只在安静时才能听到轻微的呼吸道啰音；产蛋鸡产蛋率出现不同程度的下降，种蛋受精率和孵化率也随之下降。从出现症状到死亡，一般为1～2天。

4. 病理变化

该病的主要病变特征表现为全身浆膜、黏膜出血，淋巴系统肿胀、出血和坏死，尤以消化道和呼吸道明显。典型病变是腺胃乳头明显出血（图2-3）；腺胃、肌胃交界处及肌胃角质层下出血（图2-4）；肠道充血、出血，尤其十二指肠与直肠后段严重，常见局部肠道淋巴滤泡枣核状肿胀、出血、溃疡（图2-5），病程稍长者表面形成纤维素性假膜（图2-6）；盲肠扁桃体常见肿大、出血或坏死；喉、气管内有黏液，黏膜充血、出血（图2-7）；肺有时可见淤血、水肿；产蛋鸡卵泡和输卵管充血明显，卵泡膜极易破裂以致卵黄坠入腹腔引起卵黄性腹膜

图2-3　腺胃乳头出血

炎（图2-8）。

图2-4 腺胃、肌胃交界处出血，肌胃角质层下出血

图2-5 肠道淋巴滤泡肿胀、出血

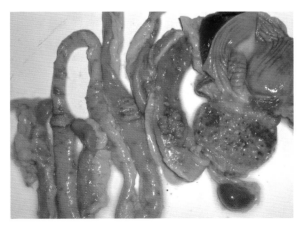

图2-6 肠道淋巴滤泡处有纤维素性假膜

图2-7 气管黏膜出血

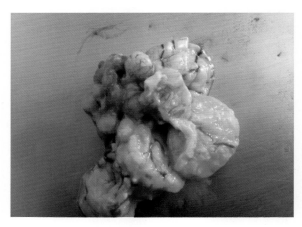

图2-8 产蛋鸡卵泡充血、变性

非典型新城疫病例可见喉、气管黏膜不同程度充血、出血；输卵管充血、水肿；早期病例一般难发现消化道黏膜出血，在后期病死鸡中有时可见腺胃乳头、肌胃角质膜下、十二指肠黏膜轻度出血。

5. 诊断

（1）初步诊断 根据本病的流行病学特点、典型症状和剖检变化，如头颈扭曲等神经症状、腺胃乳头出血、肠道淋巴淋泡出血、溃疡等可做出临床初步诊断。

（2）确诊 确诊需要作实验室诊断。可采集病死鸡的脑、气管、支气管、肺、肝、脾、泄殖腔或喉气管拭子，经处理后鸡胚接种分离培养病毒，然后通过血凝试验（图2-9）、血凝抑制试验进一步鉴定病毒；此外也可用分子生物学技术、血清中和试验、荧光抗体技术、酶联免疫吸附试验（ELISA）、动物接种试验等进行新城疫病毒的鉴定。

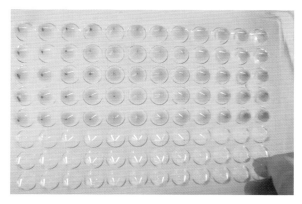

图2-9　血凝试验结果观察

（3）鉴别诊断　新城疫在发病初期症状不典型，主要表现为呼吸道症状，很容易与呼吸道传染病如传染性支气管炎、传染性喉气管炎等相混淆；呈现败血症的病例应注意与禽霍乱、禽流感相鉴别。

6. 防治措施

新城疫是我国法定的一类动物疫病，必须按照国家有关法律和规定，对疫情进行处理，认真执行预防传染病的总体卫生防疫措施，以便减少暴发的危险，尤其是在每年的冬季，养鸡场应采取严格的防范措施。

（1）加强生物安全措施　防止病原侵入鸡群。禁止从污染地区引入种鸡、雏鸡或购入饲料、设备、用具等；隔离饲养，禁止无关人员、飞鸟、野生动物等进入养殖场区；实行全进全出的饲养管理制度；定期对场区及鸡舍消毒。

（2）定期疫苗免疫接种　增强鸡群特异性免疫力，降低鸡群的易感性。

① 疫苗种类　当前我国常用的新城疫疫苗有活疫苗和灭活疫苗两类。

Ⅰ系苗是一种中等毒力的活苗，多通过肌内注射和刺种的方法接种。用于2月龄以上的鸡或经过弱毒疫苗免疫后的鸡，幼龄鸡使用后会引起较重的接种反应，甚至发病和排毒，出口基地禁用。本苗的优点是，产生免疫快（3～4天），免疫期较长（1年以上），多用于常发地区紧急接种。

Ⅱ系（B1株）、Ⅳ系（LaSota株）、克隆30、V4株均为弱毒力的活苗，大小鸡均可使用，可采用点眼、滴鼻和饮水及气雾等方法接种，适用于1日龄以上雏鸡的基础免疫。其中Ⅳ系和克隆30在我国应用最为广泛，免疫效果最好；V4株主要应用于热带地区。

活疫苗可刺激机体产生局部黏膜免疫，免疫后很快产生保护，还可以从免疫鸡传染给未免疫鸡，但母源抗体可影响活疫苗的首次免疫应答，且接种反应明显，即使使用弱毒苗，有的鸡群接种后几天内也会有轻微的呼吸道症状。

灭活苗是采用LaSota毒株灭活后加入佐剂制成的，常用油乳剂灭活苗。免疫途径为经肌肉或皮下注射接种。灭活苗容易保存，安全可靠，接种反应不明显，尤其是产生的保护性抗体水平很高，整齐一致，维持时间较长；但其生产成本较高，体积较大，必须逐只注射免疫，使用较费劳力。

② 免疫程序　免疫程序应根据当地疫病流行情况、鸡场规模、饲养方式、疫苗种类、母源抗体水平、其他疫苗使用情况、机体的健康状况和环境卫生条件等因素综合制定。不同地区的免疫程序是不同的，甚至同一鸡场的免疫程序都不是一成不变的，最好在使用一段时间后，根据免疫效果及时调整。

本病的免疫应在抗体监测的基础上采用弱毒苗与油乳剂灭活苗相结合的方法进行，活苗能促进机体对灭活苗的免疫反应。

若无条件进行免疫监测，可参照以下免疫程序。

蛋鸡在7～10日龄用弱毒苗（Ⅳ系或克隆30）滴鼻、点眼；25～30日龄Ⅳ系苗注射；60日龄Ⅰ系苗注射；120日龄油乳剂苗灭活苗注射；产蛋后每隔两个月用Ⅳ系苗饮水一次。

商品肉鸡在7～10日龄用弱毒苗（Ⅳ系或克隆30）滴鼻、点眼；20～22日龄Ⅳ系苗2～3倍量饮水；一般肉鸡免疫两次即可，污染严重的地区可在32～35日龄再用Ⅳ系苗饮水一次。

③ 免疫监测　有条件的鸡场应定期对鸡群抽样采血，用血凝抑制试验测定鸡群中卵黄抗体效价（图2-10、图2-11），用HI抗体水平代表鸡群其他抗体水平的消长规律。根据HI抗体水平可确定首免日龄、判断疫苗免疫效果和再次免疫时间。

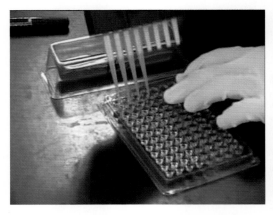

图2-10　血凝抑制试验测卵黄抗体效价

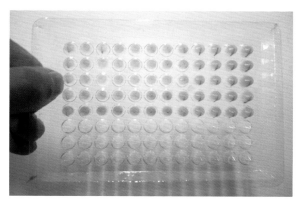

图2-11 血凝抑制试验结果观察

易感鸡群免疫一次弱毒疫苗，抗体HI效价可达4log2～6log2，而免疫一次油乳剂灭活苗最高可达11log2甚至以上。一般认为，HI抗体效价在6log2以上可以避免大量的死亡损伤；达到8log2以上基本上可以避免死亡损伤；而达10log2以上时，可避免产蛋的急剧下降，所以为保护鸡群免于发病死亡，低于8log2时应考虑安排免疫接种，达到6log2应立即免疫接种；免疫后10～14天抽检，比免疫前提高2个效价即为免疫成功，否则应重新免疫。

（3）发病后的控制措施　鸡群发病后，无特异性治疗方法，应采用新城疫疫苗紧急接种的方式控制疫情。1月龄以内的雏鸡用Ⅳ系苗，按常规剂量2～4倍滴鼻、点眼，同时注射油乳剂苗1羽份；对2月龄以上鸡可用Ⅳ系苗4～5倍量饮水。免疫后2～3天内发病率、死亡率有所上升，一般5天左右即可使疫情平息。

二、禽流行性感冒

禽流行性感冒（Avian influenza，AI）简称禽流感，是由A型流感病毒（Avian influenza virus type A）引起的家禽和野生禽类感染的高度接触性传染病。由于野禽对禽流感病毒有天然贮存库的作用，且已证实禽流感病毒可以由家禽直接感染人，引起人的发病和死亡。所以该病具有重要的公共卫生学意义。高致病性禽流感是我国法定的一类动物疫病。

1. 病原

本病的病原是禽流感病毒（Avian influenza virus，AIV），属于正黏病毒科，A型流感病毒属。AIV表面有囊膜，囊膜镶嵌着两种纤突糖蛋白，分别为棒状的血凝素（HA）和蘑菇状的神经氨酸酶（NA），HA是病毒的主要毒力蛋白，还可与人、猴、豚鼠、犬、貂、大鼠、蛙、鸡和其他禽类的红细胞发生凝集反应。AIV特别容易变异，尤其HA与NA的变异频率非常高，目前鉴定出16种HA亚型和9种NA亚型，分别命名为H1～H16，N1～N9，不同的HA和不同的NA之间可形成多种亚型的禽流感病毒。根据AIV各亚型毒株对禽类的致病力的不同，将禽流感病毒分为高致病性毒株、低致病性毒株和不致病性毒株。目前，高致病性的禽流感病毒都是由H5和H7引起的。

AIV在环境中的稳定性相对较差，对脂溶剂与去污剂敏感，常用消毒剂如氢氧化钠、酚类、酸性离子消毒剂等都可有效灭活病毒；56℃ 30min、极端pH值、干燥、非等渗条件等都可使其灭活。

2. 流行病学

AIV在自然条件下可感染很多种野鸟和家禽，尤其是自由飞翔的水栖鸟类，它们是禽流感病毒生物和基因的储存库。家禽中以火鸡、鸡最易感，其次鸭、鹅、鸽、鹌鹑等也可感染。国内外发生禽流感进行流行病学调查时，发现带毒候鸟迁徙引发禽流感最为常见。

感染禽从鼻腔、口腔、结膜和泄殖腔中排出病毒，因此呼吸道产生的气溶胶及粪便中含有大量病毒。易感禽除与感染禽直接接触传播本病外，更多则是通过接触病毒污染物，如污染的饲料、饮水、设备、物资、笼具、衣物和运输车辆等间接接触传播，呼吸道、消化道、眼结膜及损伤皮肤等途径都有可能受到感染。

本病一年四季都会发生，以冬季和早春气温骤冷骤热的季节多发。温度过低或忽高忽低、气候干燥、湿度过低、通风不良或通风量过大、寒流、大风等因素都能促进本病发生。

3. 临床症状

该病的潜伏期较短，一般为4～5天。因病毒毒力不同，感染鸡的日龄、饲养环境不同，导致症状各异，可分为以下三种类型。

（1）最急性型　多由高致病性毒株如H5N1感染引起。常见无症状的突然死亡，死亡率可达90%～100%，病程稍长的表现体温升高（43℃以上），精神高度沉郁，食欲废绝；颜面部肿胀，冠髯肿胀、出血、坏死（图2-12），腿部皮肤、脚鳞出血（图2-13）；呼吸困难，有咳嗽、啰音等呼吸道症状；腹泻，排黄绿色稀便（图2-14）；产蛋鸡产蛋急剧下降，甚至停产。

（2）急性型　多由低致病性禽流感毒株如H9N2引起，发病率高而死亡率低。病鸡突然发病，体温升高，精神沉郁，采食量急剧下降；闭目缩颈，眼睑肿胀流泪；嗉囊空虚，腹泻，排黄绿色稀便；病鸡呼吸困难，张口呼吸（图2-15），咳嗽、

图2-12 病鸡颜面部及冠髯肿胀、出血

图2-13 病鸡脚鳞出血

图2-14 病鸡精神沉郁，排黄绿色稀便

图2-15 病鸡张口伸颈呼吸

喷嚏甚至尖叫。产蛋鸡感染后2～3天即开始产蛋率下降，严重的甚至停产，同时褪色蛋、砂壳蛋、软壳蛋、无壳蛋等异常蛋增多，持续1～5周后产蛋率逐步回升，但无法恢复到原有水平。

（3）亚急性型　多发生于免疫鸡群，大群精神状态较好，采食量稍有下降，粪便基本正常；个别鸡肿眼、流泪；产蛋鸡产蛋轻度下降，白壳蛋、软壳蛋增多。

4. 病理变化

（1）最急性型　高致病性禽流感的病理变化以广泛性出血和多器官坏死为特征。常见腹部脂肪有点状出血（图2-16）；腺胃乳头出血，腺胃与肌胃交界处、腺胃与食道交界处、肌胃角质膜下、十二指肠黏膜出血（图2-17）；盲肠、扁桃体肿大、出血；冠状脂肪、心外膜有点状出血，心肌有白色条纹状坏死（图2-18）；胰腺周边出血或有黄白色坏死点（图2-19）；喉气管黏膜充血、出血；肺脏淤血、出血、水肿；有些病例还可见头颈部、腿部皮下胶样浸润，有的毒株会导致肝、脾、肾有灰白色坏死灶。

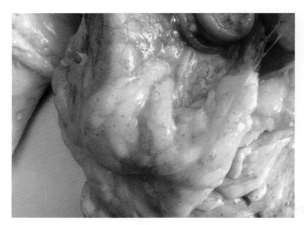

图2-16　腹部脂肪有出血点

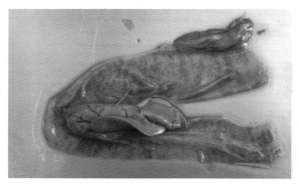

图2-17　十二指肠黏膜出血

图2-18　心肌有白色条纹状坏死

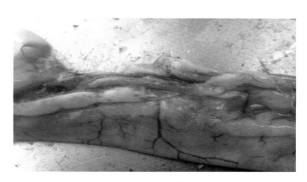

图2-19　胰脏坏死

（2）急性型　低致病性禽流感的病变主要集中在呼吸道，常见卡他性、黏液性或纤维素性窦炎，喉头、气管充血、出血（图2-20），严重的气管下段和支气管内有黄色干酪样栓子堵塞（图2-21），导致窒息死亡；产蛋鸡常见卵巢退化、出血和卵泡畸形、萎缩和破裂；输卵管黏膜充血水肿，内有白色黏稠纤维素性渗出物，似蛋清样。

图2-20　喉头、气管出血

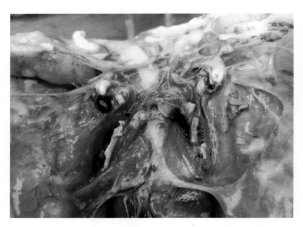

图2-21　支气管有黄色干酪样栓子

5. 诊断

（1）临床初步诊断　根据流行特点、典型症状和剖检病变等特征可做出临床初步诊断。

（2）确诊　确定亚型需要做实验室诊断。可选取病死鸡的支气管、心、肝、脾、胰、脑，以及泄殖腔或喉气管棉拭子等作为分离病毒的病料，通过鸡胚接种分离培养病毒，然后通过琼脂扩散试验、血凝和血凝抑制试验以及PCR试验鉴定病毒。禽流感病毒不仅仅要确定是不是A型流感病毒，更有实际意义的是要进一步做亚型的鉴定，因为亚型的鉴定直接关系到处理原则和确定疫苗接种。

（3）鉴别诊断　首先要注意与新城疫相鉴别，两者共同之处在于高死亡率和腺胃乳头等处出血，但新城疫神经症状较禽流感明显，肠道淋巴滤泡有枣核样病变。而禽流感冠黑紫，头面部水肿，头部皮下水肿胶样浸润，心外膜出血严重，但肠黏膜无坏死溃疡。低致病性禽流感引起的产蛋下降极易与非典型新城疫混淆，可通过禽流感或ND抗体测定以抗体是否异常来确定。

产蛋下降综合征引起产蛋下降，一般没有明显的临床症状，鸡群精神与采食量正常，以无壳蛋为主，也无呼吸道症状，输卵管的病变也不如禽流感明显。

6. 防治措施

（1）加强生物安全措施　养鸡场生物安全措施是预防禽流感的第一道防线，是预防病毒传入和控制传播的关键。

（2）定期监测　针对高致病性禽流感，可定期自鸡群采样，通过RT-PCR诊断及扩增产物的快速测序，判定样品中的病毒是否为高致病性禽流感病毒。

（3）疫苗免疫　疫苗免疫是预防禽流感的有效手段。目前使用的疫苗主要为

H9N2和H5N1的灭活疫苗。接种两周产生保护力，抗体维持10周以上。

我国对高致病性禽流感的防控，采取的是疫苗强制免疫和扑杀相结合的措施。每年我国农业农村部（简称农业部）都颁布高致病性禽流感免疫方案，要求对所有鸡、水禽（鸭、鹅）进行高致病性禽流感强制免疫。该免疫方案规定了免疫程序、免疫要求、使用疫苗种类、免疫方法及免疫效果检测等内容。免疫方案规定，家禽免疫后21天进行免疫效果检测，若禽流感抗体血凝抑制效价≥4log2，存栏禽群免疫抗体合格率≥70%，视为免疫合格。

（4）发病后的控制措施　一旦发现高致病性禽流感可疑病例，应立即向当地兽医行政管理部门报告，同时对病鸡群（场）进行封锁和隔离。疫情确诊后，应按照农业部的《高致病性禽流感疫情处置技术规范》进行疫情处置。由县级以上兽医行政管理部门划定疫点、疫区和受威胁区，并报请地方政府发布封锁令，对疫点、疫区和受威胁区实施严格的防范措施。严禁疫点内的禽类以及相关产品、人员、车辆以及其它物品运出；同时扑杀疫点内的一切禽类，扑杀的禽类以及相关产品，如种苗、种蛋、商品蛋、动物粪便、饲料、垫料等，须经深埋或焚烧等方法进行无害化处理；对疫点内的禽舍、养禽工具、运输工具、场地及周围环境应实施严格的消毒。禁止疫区内的家禽及其产品的贸易和流动，设立临时消毒关卡对进出运输工具等进行严格消毒，对疫区内易感禽群进行监控，同时加强对受威胁区内禽类的监测。

对疫点内的禽类及相关产品进行无害化处理，对疫点进行彻底消毒后21天，如受威胁区内的禽类未发现有新的病例出现，可解除封锁令。

对低致病性禽流感目前尚无特异性治疗方法，可通过加强饲养管理，使用清热解毒、止咳平喘的中药，如板蓝根、大青叶、连翘和清瘟散等，以起到早期预防、减轻症状和减少损失的作用。由于本病常并发或继发大肠杆菌和支原体感染，因此适量使用抗菌药物，往往能减少死亡。

7. 公共卫生

高致病性禽流感病毒如H5N1、H7N9有感染人的报道，人感染后有体温升高、咽喉疼痛、肌肉酸痛和肺炎等症状。生产生活中应禁止乱宰乱屠病禽，病死禽不能食用，在接触病禽或尸体剖检时要做好个人防护，注意穿隔离服和戴乳胶手套，并严格消毒。

三、传染性支气管炎

传染性支气管炎（Infectious bronchitis，IB）是鸡的一种急性、高度接触性呼吸道传染病。本病最早发现于美国，此后世界各国陆续有报道，我国在20世纪70年代后期即有分离到本病病原的报道。

1. 病原

本病病原是传染性支气管炎病毒（Infectious bronchitis virus，IBV），属于冠状病毒科、丙型冠状病毒属。IBV有囊膜，囊膜表面有棒状纤突（S蛋白），S蛋白极易变异，据其不同可以将IBV分为不同的血清型，目前国内外已超过60个血清型。

传染性支气管炎病毒本身不能凝集鸡的红细胞，但经过1%胰酶或磷脂酶C在37℃下处理3h后，可具有血凝活性，并且这一活性能被特异性抗血清所抑制。传染性支气管炎病毒能在10～11日龄的鸡胚中生长，并可导致鸡胚发育迟缓，形成侏儒胚甚至蜷缩胚，连续传代后该特征可稳定出现。

大多数毒株在56℃15min失去活力，但对低温抵抗力强，冻干保存最少存活24年；对常用消毒剂敏感，如1%的来苏儿、0.01%高锰酸钾、1%福尔马林等能在3min内将其杀死。

2. 流行病学

鸡是IBV的自然宿主，各种年龄的鸡均易感，但以雏鸡和产蛋鸡发病较多，尤其40日龄以内的雏鸡发病最为严重，死亡率高。

病鸡和带毒鸡是本病主要的传染源，它们主要从呼吸道排出病毒，经空气中的飞沫和尘埃传给易感鸡；此外，也可从泄殖腔排毒，通过饲料、饮水等媒介，经消化道感染。本病传播迅速，在集约化鸡群中，一般1～2天即可波及全群。且病鸡康复后带毒时间长，49天仍可排毒，35天仍具有传染性。

本病一年四季均可发生，但以冬春寒冷季节最为严重。在饲养管理过程中存在有过热、拥挤、温度过低、通风不良、饲料中的营养成分配比失当、缺乏维生素和矿物质及其它不良应激因素时，均可促进本病发生，或加重本病的病情。

3. 临床症状

不同毒株对器官的亲嗜性不同，鸡群感染后表现不同临床症状。

（1）呼吸型　鸡群往往突然发病，雏鸡表现呼吸困难，张口伸颈呼吸、咳嗽、打喷嚏、呼吸啰音等症状。严重时病鸡精神沉郁、食欲废绝、羽毛松乱、体温升高、怕冷扎堆（图2-22），甚至引起死亡，死亡率约为5%，日龄越小，死亡率越高，大、中雏很少死亡。6周龄以上的鸡发病症状与幼鸡相似，但较少见到流鼻液的现象。1日龄蛋雏鸡感染IBV还可导致输卵管发育受阻，造成生殖器官永久性功能障碍，成为表面正常但不产蛋的"假母鸡"。

图2-22 病鸡精神沉郁、羽毛松乱

成年鸡感染IBV后无明显呼吸道症状，主要表现为开产期推迟，产蛋下降25%～50%，可续4～8周。同时畸形蛋、粗壳蛋、软壳蛋增多，蛋的品质下降，蛋清稀薄如水，蛋黄与蛋清分离。康复后的蛋鸡产蛋很难恢复到患病前的水平。

（2）肾型 多发于2～4周龄的肉鸡。最初表现短期（1～4天）的轻微呼吸道症状，包括啰音、喷嚏、咳嗽等，只有在夜间才较明显。若有混合感染则症状加重，时间延长，鼻腔有黏性分泌物。很快呼吸道症状消失，表面康复。但不久大群突然再次发病，出现厌食、口渴、精神不振、拱背扎堆等症状，同时排水样白色稀粪，内含大量尿酸盐（图2-23），肛门周围羽毛污浊。病鸡因脱水而体重减轻、胸肌发绀，重者鸡冠、面部及全身皮肤颜色发暗。发病10～12天达到死亡高峰，21天后死亡停止，死亡率约30%。

图2-23 含大量尿酸盐的白色稀粪

4. 病理变化

（1）呼吸型 幼雏病变主要表现为鼻腔、眶下窦、喉头、气管黏膜充血、水肿；气管下段气管环出血；整个上呼吸道内充满浆液性、黏液性分泌物，严重的在支气管内形成干酪样栓子（图2-24）。肺充血水肿，偶有气囊浑浊增厚。

图2-24 支气管干酪样栓子

产蛋鸡多表现为卵泡充血、出血、变形、破裂，甚至发生卵黄性腹膜炎。若在雏鸡阶段感染过IBV，则成年后有相当多的鸡输卵管发育不全，管腔狭小或闭锁，尤其中间三分之一区域严重（图2-25、图2-26）。

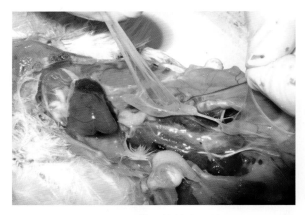

图2-25 输卵管管腔闭锁

图2-26 输卵管中间三分之一处闭锁

（2）肾型　主要病变表现为肾脏苍白、肿大，肾小管和输尿管扩张，有大量尿酸盐沉积（图2-27），使整个肾脏外观呈斑驳的白色网线状，俗称"花斑肾"（图2-28）。严重的病例尿酸盐还会沉积于肾脏及其他组织器官表面，即出现所谓的内脏型"痛风"。

图2-27　肾脏肿胀、输尿管内有尿酸盐沉积

图2-28　花斑肾

5. 诊断

（1）临床初步诊断　根据该病流行病学特征、典型症状和剖检变化可做出临床初步诊断。

（2）确诊　确诊需要做实验室诊断。采集病鸡的气管分泌物、气管、肺组织或肾脏等作为病料，处理后通过鸡胚接种分离培养病毒，并可通过连续传代后观察有无"侏儒胚"现象，以鉴定病毒。此外还可通过病毒中和试验、免疫荧光抗体技术、琼脂扩散试验、血凝抑制试验、分子生物学试验等来进一步鉴定病毒。

（3）鉴别诊断　传染性支气管炎要注意与新城疫、禽流感相鉴别。

雏鸡发生新城疫和传染性支气管炎都有高度的呼吸困难、张口伸颈呼吸的症状，但新城疫多有头颈扭曲等神经症状，剖检可见到腺胃乳头出血、肠道淋巴滤泡出血、坏死等病变。产蛋鸡发生新城疫和传染性支气管炎均能出现产蛋下降，但新城疫出现少量死亡，而传染性支气管炎则病情较轻，产蛋下降的同时出现大量的畸形蛋、砂壳蛋。

雏鸡感染低致病性禽流感与感染IB类似，但病情比IB严重，雏鸡常可见到内脏组织的广泛出血甚至坏死，而IB只表现气管的病变。产蛋鸡感染这两种病均表现明显产蛋下降，但可通过禽流感抗体测定来鉴别。

6. 防治措施

（1）加强生物安全措施　通过严格检疫、隔离饲养、全进全出等措施，防止病原侵入鸡群。改善饲养管理和环境卫生条件，减少各种诱因的产生。降低饲养密度，避免鸡群过于拥挤；注意温度、湿度变化，避免过冷过热；加强通风，防止有害气体刺激呼吸道；合理配比饲料，防止饲料中维生素尤其是维生素A的缺乏，以增强机体的抵抗力。

（2）疫苗免疫　疫苗免疫是当前预防该病最主要和有效的措施。一般认为Massachusetts型（M41）与其他型病毒株有交叉免疫作用，目前国内外普遍采用的Massachusetts血清型的H120和H52弱毒疫苗来控制IB。其中H120毒力较弱，主要用于免疫4周龄以内的雏鸡；H52毒力较强，只能用于二次免疫或成鸡免疫；油乳剂灭活苗各日龄均可使用。此外还有专门针对肾型毒株的弱毒疫苗，如28/86等。

肉鸡可在5～7日龄使用H120弱毒疫苗滴鼻、点眼，25～30日龄时用H52弱毒苗加强免疫一次。蛋鸡和种鸡群还应于开产前再接种一次IB油乳剂灭活疫苗。针对肾型IB，可于4～5日龄用28/86滴鼻、点眼，或7～9日龄用油乳剂灭活苗颈部皮下注射。

（3）发病后的控制措施　本病目前尚无特异性治疗方法。发病鸡群应注意改善饲养管理条件，降低鸡群密度，加强鸡舍消毒，同时在饲料或饮水中适当添加抗菌药物，控制大肠杆菌、支原体等病原的继发感染或混合感染。对肾脏病变明显的鸡群要降低饲料中的蛋白质含量，并适当补充K^+和Na^+。这些措施将有助于缓解病情，减少损失。

四、传染性喉气管炎

传染性喉气管炎（Infectious laryngotracheitis，ILT）是由传染性喉气管炎病毒

（Infectious laryngotracheitis virus，ILTV）引起的鸡的一种急性接触性呼吸道传染病，能引起鸡的死亡和产蛋能力下降，又名喉气管炎、禽白喉。本病对养鸡业危害较大，传播快，已遍及世界许多养鸡的国家和地区。

1. 病原

传染性喉气管炎病毒（ILTV）属于疱疹病毒科、传染性喉气管炎病毒属，属禽疱疹病毒 I 型。该病毒有囊膜，囊膜表面有纤突。病毒只有一个血清型，但不同毒株的致病力不同，有引起鸡高发病率和高死亡率的强毒株，也有症状轻微或不明显的弱毒株。病鸡的气管组织及其渗出物中含病毒最多，接种9～12日龄鸡胚绒毛尿囊膜（简称尿绒膜），经4～5天后可引起鸡胚死亡，并在绒尿膜上形成痘斑。

本病毒对外界环境的抵抗力不强，55℃存活10～15min，37℃存活22～24 h，煮沸立即死亡。对脂溶剂和各种消毒剂敏感，常用的消毒药如3%来苏儿、1%氢氧化钠溶液、3%过氧乙酸等在较短时间内可将其杀死。

2. 流行病学

鸡是ILTV主要的自然宿主，各种年龄及品种的鸡均可感染，但以育成鸡和成年鸡多发，特征性症状多见于成年鸡。病鸡和康复后的带毒鸡是主要传染源，多数鸡感染后排毒6～8天，少数（约2%）康复鸡可带毒达两年。病鸡气管组织及呼吸道渗出物中含有大量病毒，可随飞沫排出，健康鸡经上呼吸道及眼结膜感染，也经消化道感染。由于康复鸡和无症状带毒鸡的存在，本病难以扑灭，并可呈地区性流行。

本病在易感鸡群中传播迅速，短期内可波及全群，感染率高达90%～100%。本病一年四季均可发生，尤以秋末冬初季节多见，饲养管理不良可诱发本病。

3. 临床症状

本病自然感染的潜伏期为6～12天。由于病毒的毒力不同，侵害部位不同，临床表现不同，据此可以分为两个型。

（1）喉气管型　由强毒株引起，病初流鼻液，并伴有结膜炎，其后表现特征性呼吸道症状，咳嗽、气喘，有喘鸣音，严重的高度呼吸困难，张口伸颈用力呼吸，并咳出带血的分泌物（图2-29）。若分泌物不能咳出而堵塞气管时，可引起窒息死亡。病死鸡冠髯发紫，体况良好，死亡时多呈仰卧姿势。产蛋鸡的产蛋迅速减少（可达35%），康复后1～2个月才能恢复。

（2）眼结膜型　由弱毒株引起，流行较缓和，发病率低，死亡率低（2%）。其特征性症状是结膜炎、眶下窦炎（图2-30），表现眼结膜红肿、流泪、流鼻液，严重的导致眼盲。产蛋鸡产蛋下降，畸形蛋增多。病程可长达1个月。

图2-29　病鸡咳出带血的黏液

图2-30　病鸡结膜炎、眶下窦炎

4. 病理变化

（1）喉气管型　喉气管型病变主要集中于喉部和气管上部，病初喉头、气管黏膜充血肿胀，有黏液，进而黏膜发生出血、变性和坏死，喉和气管中有带血黏液或血凝块（图2-31），气管上部气管环出血，2～3天后，出现黄白色纤维素性假膜或黄色干酪样物（图2-32、图2-33），形成栓塞。严重时，炎症可扩散到支气管、肺、气囊或眶下窦。

（2）眼结膜型　仅见结膜水肿、充血，有时有点状出血，并伴有黏液性气管炎。

5. 诊断

（1）临床初步诊断　本病的诊断要点是发病急，传播快，成年鸡多发；温和

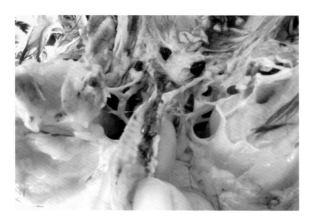

图2-31 气管内有血凝块

图2-32 喉头、气管出血，有干酪样物

图2-33 气管内有干酪样物

型病例只表现轻度的结膜炎和眶下窦炎。严重病例张口呼吸、喘气、有啰音，咳嗽时可咳出带血的黏液，呼吸困难的程度比鸡的任何呼吸道传染病明显且严重；剖检死鸡时可见气管出血，并有黏液、血凝块或干酪样物，易于剥离。

（2）确诊　确诊必须进行实验室诊断。可通过病毒分离、血清学试验或用分子生物学等方法进行检测。

（3）鉴别诊断　本病须与白喉型鸡痘、传染性支气管炎、传染性鼻炎等相鉴别。

白喉型鸡痘往往气管黏膜明显增厚，有痘斑且不易剥离，鸡群中可找到患皮肤型鸡痘的病鸡；传染性支气管炎主要侵害6周龄以内的雏鸡，成年鸡不死亡，鼻腔、气管、支气管中有浆液性渗出物；传染性鼻炎多发生于育成鸡和产蛋鸡，传播迅速，面部肿胀且鼻、眼分泌物增多，鼻分泌物抹片染色镜检，可见两极着色的杆菌，使用抗菌药物有良好效果。

6．防治措施

（1）加强生物安全措施　保持鸡舍、饲料、环境卫生；严格消毒制度；采用"全进全出"饲养制度；严格控制易感鸡与康复鸡接触，最好将康复鸡淘汰；防止有潜在危险的人员、设备、饲料及动物进入鸡舍。

（2）疫苗免疫　疫苗免疫是预防本病的有效方法。在本病的疫区和受威胁区，可进行疫苗免疫接种，但在从未发生过本病的鸡场不主张接种疫苗。常用鸡传染性喉气管炎弱毒疫苗，在70日龄左右首免，6周后二免。本疫苗的最佳免疫途径是点眼法，但接种后3～4天可能有轻度眼结膜反应，个别鸡只出现眼肿，甚至眼盲现象，可在免疫后用庆大霉素或其它抗生素滴眼，以防继发感染。疫苗的免疫期可达半年至1年。

（3）发病后的控制措施　对发病鸡群目前尚无特异的治疗方法，病初可用弱毒疫苗点眼，接种后5～7天即可控制病情；本病易继发葡萄球菌感染而使病情加重，大群投服抗菌药物预防继发感染，可有效减少本病损失；内服牛黄解毒丸或喉症丸，或其它清热解毒利咽的中成药，可明显减缓呼吸道炎症，减少死亡，个别呼吸困难特别严重的病鸡，还可用镊子帮其除去喉部和气管上端的干酪样渗出物。

耐过的康复鸡在一定时间内可带毒和排毒，因此需严格控制康复鸡与易感鸡群的接触，最好将病愈鸡做淘汰处理。

五、鸡痘

鸡痘（Fowl pox，FP）是由鸡痘病毒（Fowl pox virus，FPV）引起的鸡的一种急性接触性传染病。本病呈世界性分布，在并发感染或环境条件差时，可引起大批死亡，尤其对雏鸡危害大。

1. 病原

本病的病原是鸡痘病毒，属痘病毒科、禽痘病毒属，是一种比较大的DNA病毒，有囊膜，可在病变的表皮细胞或黏膜细胞的细胞质内形成包涵体；在胚绒毛尿囊膜上生长可形成痘斑，并进一步坏死。

鸡痘病毒大量存在于病鸡患部皮肤和黏膜中，可随脱落的皮屑及咳出的飞沫排出，病毒对外界环境的抵抗力很强，特别耐干燥，在干燥的痂皮中能存活数月甚至数年，但对热、阳光直射、酸、碱较敏感。一般消毒剂5～10min内可将其杀死。

2. 流行病学

鸡对本病最易感，其次是火鸡，各种年龄、性别和品种的鸡均可感染，但以幼雏和中雏最为严重，雏鸡死淘率高。

病鸡是本病主要的传染源，其脱落、碎散的痘痂中含有大量病毒，它们主要通过皮肤、黏膜的伤口感染易感鸡；蚊子等吸血昆虫在本病的传播中起着重要的作用，蚊子吸吮过病灶部的血液后，可在长达10～30天内带毒，期间通过叮咬易感鸡而传播本病。

本病一年四季均可发生，但在夏、秋蚊子活跃的季节皮肤型鸡痘发生较多，而冬季白喉型鸡痘发生较多。鸡舍通风不良、阴暗、潮湿、维生素缺乏、体表寄生虫等可促进本病发病或加重病情；如继发和并发其它疾病，特别是继发葡萄球菌病时可造成大批死亡。

3. 临床症状和病理变化

潜伏期一般为4～10天，据临诊症状和病理变化不同可分为皮肤型、黏膜型、混合型三种类型。

（1）皮肤型　在鸡体无毛或少毛部位发生痘疹，如鸡冠、肉髯、眼睑、喙角、泄殖腔、翼下、腿、脚等部位，痘疹肿胀、增大，形成干硬结节，有的融合成较大的棕色块状结痂（图2-34～图2-36），病程3～4周，结痂脱落后留有灰白色疤痕。一般无全身症状，但有的幼雏和中雏病情较严重，出现不食、体重减轻等症状，个别可发生死亡。蛋鸡可发生产蛋下降甚至停产。

（2）黏膜型　又称白喉型，幼雏和中雏发生较多，病死率可达50%左右。病初表现鼻炎症状，流浆液性或脓性鼻液，眼睑肿胀，充满脓性或纤维蛋白性渗出物，角膜发炎甚至失明。2～3天后，口腔、咽喉、气管等处黏膜，发生白色痘疹状小结节，继而增大、增厚、融合呈黄白色伪膜（图2-37），故称之为"白喉"。病鸡张口伸颈呼吸，发出"咯咯"叫声，常因窒息死亡。

图2-34　病鸡冠髯上有痘疹、结痂

图2-35　病鸡眼睛肿胀（一）

图2-36　病鸡眼睛肿胀（二）

图2-37 喉头、气管黏膜形成黄白色伪膜

（3）混合型 在皮肤上和口腔黏膜上均有痘疹结节或伪膜、结痂等病变。病情严重，死亡率高。

此外，近年来还出现了以结膜炎、眼鼻流炎性分泌物等为特征的眼鼻型鸡痘，和以内脏点状出血、肌肉苍白等为特征的内脏型鸡痘。

4．诊断

（1）临床初步诊断 根据本病流行特征、临诊症状和病理变化，特别是在少毛或无毛皮肤处或黏膜上发生特殊的丘疹、伪膜、结痂可做出临床初步诊断。

（2）确诊 确诊需要做实验室诊断。可无菌操作取病变痘痂或伪膜用生理盐水制成（1：5）～（1：10）悬液，划痕接种易感雏鸡的冠部或9～12日龄鸡胚绒毛尿囊膜。接种鸡于5～7天出现典型皮肤痘疹，鸡胚绒毛尿囊膜则于接种后5～7天形成痘斑。此外，还可通过琼脂扩散试验、间接血凝试验、免疫荧光法、ELISA及病毒中和试验等血清学诊断进行确诊。

（3）鉴别诊断 黏膜型鸡痘需与传染性喉气管炎、传染性鼻炎进行鉴别，一般情况下，黏膜型鸡痘发病的同时多在鸡群中可发现皮肤型鸡痘。

5．防治措施

（1）做好生物安全措施 尤其夏秋季节要加强鸡舍内蚊虫驱杀；减少不良环境因素的应激，避免各种原因引起的啄癖和机械性外伤。

（2）疫苗免疫 目前常用鸡痘鹌鹑化弱毒疫苗通过翼膜刺种的方法接种，即用刺种针蘸取稀释的疫苗，于鸡翅内侧无血管处刺种。6日龄以上雏鸡用200倍稀释液刺种1针；超过20日龄的用100倍稀释液刺种1针；1月龄以上的可用100倍稀释液刺种2针。

首免在10～20日龄，二免在开产前进行。鸡群接种后7～10天应进行"出痘"检查。刺种部位出现红肿结痂视为免疫成功，否则应补种。疫苗免疫期雏鸡为2个月左右，成鸡为5个月左右。

（3）发病后的控制措施 发病后应立即隔离病鸡，环境彻底消毒。死禽深埋或焚烧，病重者淘汰，轻者抓紧治疗，康复鸡在2个月后方可合群。

本病尚无特效治疗药物。可采取对症治疗和防继发感染的方法控制病情。可将结痂、假膜用消毒镊子剥离下来，皮肤伤口涂擦碘酊、紫药水等；口腔伤口可涂擦碘甘油、冰硼散等。对眼睑肿胀的，可挤出脓液或干酪样渗出物，用2%硼酸冲洗干净后，再滴入5%蛋白银溶液。剥除的痘痂、伪膜、干酪样物等注意集中销毁，避免造成环境污染。大群鸡发病时，还应使用抗菌药物，以防葡萄球菌继发感染，同时饲料中添加维生素A，促进组织和黏膜的再生。

六、传染性法氏囊病

传染性法氏囊病（Infectious bursal disease，IBD）是由传染性法氏囊病病毒（1nfections bursal disease virus，IBDV）引起的鸡的一种急性、高度接触性传染病。本病破坏鸡的中枢免疫器官法氏囊，可导致鸡极度衰弱和免疫抑制，从而对各种疫病的易感性增加，并引起多种疫苗免疫失败，造成巨大的经济损失。本病最早发生于美国特拉华州甘保罗镇，所以也称为甘保罗病，现已广泛分布于世界各地区，我国也常有发生。

1. 病原

本病病原为传染性法氏囊病病毒，属双RNA病毒科，禽双RNA病毒属。病毒无囊膜。IBDV有两个血清型，血清I型为鸡源性毒株，血清II型为火鸡源性毒株，两者在血清学上的相关性低于10%，相互间的交叉保护力极差。血清I型只对鸡致病，根据引起法氏囊损伤程度和死亡率不同，血清I型又可以分为弱毒株、中等毒力毒株、中等偏强毒力毒株、经典强毒株、变异株及超强毒株等不同类型。用经典株血清I型弱毒苗免疫的鸡，不能抵抗变异株病毒的攻击，疫苗仅能提供10%～70%保护。我国至少已发现3种不同血清亚型的流行。

IBDV对外界理化因素的抵抗力极强。尤其耐热，56℃ 8h，或70℃30min病毒才被灭活；病毒耐冻融，反复冻融5次毒价不降低；pH2的环境中60min病毒仍存活；耐干燥，在鸡舍中可存活122天；耐阳光及紫外线照射；来苏儿和新洁尔灭都不能将其杀灭，但对甲醛、过氧化氢、氯胺、复合碘胺类消毒药敏感。

2. 流行病学

鸡和火鸡是本病的自然宿主，各品种的鸡都可感染发病，白来航鸡和白羽肉鸡易感性高。2～15周龄的鸡都可发病，3～6周龄的鸡最易发生；成年鸡因法氏囊退化，多呈隐性感染；1～2周龄的雏鸡由于母源抗体保护，发病较少。

病鸡和隐性感染鸡是本病的主要传染源，其粪便中含有大量病毒。本病可通过直接接触传播，也可通过被粪便污染的饲料、饮水、垫草、用具等间接接触传播，甲虫、鼠类、人、车辆等也可能成为传播媒介。易感鸡主要通过消化道、呼吸道、眼结膜等途径感染本病。

本病的流行特点是潜伏期短，常突然发生，迅速传播全群，感染率和发病率高，有明显的死亡高峰。一般呈一过性经过，但也有再度感染发病的报道。本病一年四季均能发生，但以6～7月份多发。

3. 临床症状

本病潜伏期2～3天。往往突然发生，病初体温升高，食欲减少，精神沉郁，羽毛松乱，部分鸡啄自己肛门，很快排出白色黏稠或水样稀便，随着病程发展，病鸡离群呆立，畏寒颤抖，翅膀下垂，头下垂触地或插于翅内侧，驱赶不动（图2-38）。严重的后期脱肛，体温下降至35℃以下，极度虚弱而死亡。

图2-38　病鸡精神沉郁，头下垂

鸡群一般于发病后第3天开始有死亡，5～7天达到死亡高峰，以后逐渐减少，10天后停止死亡，死亡曲线呈尖峰式，病程一般不超2周。本病感染率100%，若无混合感染死亡率一般在10%～30%，康复后有不同程度的免疫抑制现象。

本病在初次发病的鸡场往往呈显性感染，症状典型；流行过后雏鸡发病症状减轻，甚至呈隐性经过，但可产生严重的免疫抑制，常造成抗病能力下降和疫苗免疫失败，危害性较大。

4. 病理变化

法氏囊为IBDV的靶器官，病变最具特征性。初期逐渐肿大，可达正常的2～3倍，浆膜表面有淡黄色胶冻样渗出液（图2-39）；也有的毒株可导致法氏囊严重出血，呈紫葡萄状。剖开囊壁，内有脓性或干酪样渗出物。感染后第5天，法氏囊开始萎缩，到第8天后，大小仅为正常的1/3左右。

图2-39　法氏囊肿胀，有渗出液

　　此外，病死鸡尸体脱水；胸肌、腿肌有不同程度的条纹状或斑块状出血（图2-40、图2-41）。腺胃与肌胃交界处的黏膜有条状出血带或溃疡（图2-42）。肾脏肿胀苍白，肾小管和输尿管中有尿酸盐沉积（图2-43）。肝脏土黄色，边缘有网状坏死（图2-44）。盲肠和扁桃体出血、肿胀。

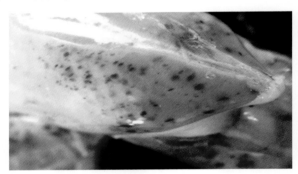

图2-40　胸肌出血

图2-41　腿肌出血

图2-42 腺胃与肌胃交界处有出血

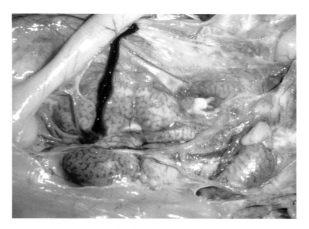

图2-43 肾脏肿胀，有尿酸盐沉积

图2-44 肝脏边缘有坏死

5. 诊断

（1）临床初步诊断　根据本病流行特征、临床症状及剖检变化，可做出临床初步诊断。如发现3～6周龄鸡发病率高，传播迅速，死亡相对集中，常发生于短短的几天内，以及法氏囊、肾脏和肌肉的特征性变化等可以做出初步诊断。

（2）确诊　确诊需做病毒的分离鉴定或血清学检查。可取病死鸡法氏囊、脾或肾等组织作病毒分离，经绒毛尿囊膜接种于9～11日龄鸡胚，观察鸡胚病变及死亡情况，并可通过病毒的中和试验进一步鉴定病毒。此外，还可通过荧光抗体技术、对流免疫电泳、酶联免疫吸附试验、病毒核酸探针等方法诊断该病。

（3）鉴别诊断　本病应注意与磺胺类药物中毒、新城疫、鸡葡萄球菌病相鉴别，本病法氏囊的病变最为典型，肿胀且有胶冻样渗出液，而上述疾病则无此变化。

6. 防治措施

（1）加强生物安全措施　传染性法氏囊病毒对自然环境有高度的耐受性，一旦污染环境和鸡舍，就将长期存在。不要从有本病的地区、鸡场引进鸡苗、种蛋，必须引进的要隔离消毒，观察20天以上，确认健康者方可合群；严格控制人员、车辆进出；坚持鸡群分批管理，全进全出；加强环境卫生管理和消毒工作，进前出后彻底清扫，并用福尔马林熏蒸消毒，平时定期用0.2%过氧乙酸带鸡喷雾消毒。

（2）免疫接种　免疫接种是控制本病的主要方法，特别是种鸡群的免疫，可以提高雏鸡母源抗体水平，防止雏鸡早期感染。

目前常用的疫苗有活疫苗和灭活疫苗两大类。活疫苗主要有三种类型：一是弱毒活疫苗，毒力弱，对法氏囊没有任何损伤，但免疫后抗体产生迟，效价低，在IBDV严重的鸡场或地区作用效果不好；二是中等毒力活疫苗，免疫后对法氏囊有轻度可逆损伤，但其保护力高，在IBDV污染场使用效果较好，在实际生产中使用广泛；三是毒力较强的活疫苗，对法氏囊可造成不可逆的严重损伤，导致免疫抑制，应慎用。

该病的免疫程序应根据鸡群1日龄母源抗体水平及整齐度、当地污染情况、鸡场饲养管理水平等因素来综合确定。无母源抗体的雏鸡，出生后用弱毒疫苗饮水免疫，2～3周龄时再用中等毒力活疫苗进行二次免疫；有母源抗体的雏鸡，14～21日龄用中等毒力疫苗进行免疫，必要时2～3周后再加强免疫一次。

（3）发病后的控制措施　一旦发生本病，应立即隔离病鸡，对污染环境彻底清除后反复消毒。发病早期全群肌内注射高免血清或卵黄抗体，这是目前最确实有效的治疗方法。同时还可口服补液盐饮水补充体液，以避免病鸡脱水衰竭死亡；降低病鸡饲料中的蛋白质含量（降至15%为宜），以减轻肾脏负担；适当使用抗生素防止并发或继发感染。

高免血清或高免卵黄抗体一般只能维持10天左右，因此治愈后的10天还应对鸡群使用活疫苗免疫，以建立主动免疫。

七、鸡马立克氏病

鸡马立克氏病（Marek's disease，MD）是由马立克氏病病毒（Marek's disease virus，MDV）引起的一种淋巴组织增生性疾病。本病存在于世界各个养禽国家，以外周神经麻痹，虹膜褪色变形，皮肤、肌肉、内脏等组织发生淋巴细胞增生、浸润，形成肿瘤为特征。

1. 病原

本病的病原是马立克氏病病毒（MDV），在分类上属疱疹病毒科、α-疱疹病毒亚科、马立克氏病毒属、禽疱疹病毒Ⅱ型。根据毒株抗原差异和其他生物学特性，MDV可分为3个血清型，血清Ⅰ型病毒为鸡源致肿瘤性MDV；血清Ⅱ型病毒为鸡源非致肿瘤性MDV；血清Ⅲ型病毒为火鸡疱疹病毒（HVT）。MDV毒株间毒力差异很大，有温和型、强毒型、超强毒型及特超强型病毒株。

MDV在鸡体内有两种形式存在，一种是无囊膜的不完全病毒，主要存在于肿瘤组织及白细胞内，是严格的细胞结合病毒，对外界的抵抗力很低，离开活体组织和细胞很难存活；另一种是有囊膜的完全病毒，主要存在于羽毛囊上皮细胞及脱落的皮屑内，是非细胞结合性病毒，对外界有很强的抵抗力，脱离细胞可存活，在传播本病方面起着重要的作用。

自然条件下，从羽毛囊上皮排出的病毒因具有保护性物质而对外界环境有较强的抵抗力，在室温下能存活4～8个月，在4℃至少保存10年；但对热较敏感，37℃18h、56℃30min、60℃10min可使其灭活；对常用消毒药敏感，5%福尔马林、2%NaOH、3%来苏儿等均可在10min内使其灭活。

2. 流行病学

鸡是马立克氏病最重要的自然宿主，任何年龄的鸡均可感染，日龄越小易感性越高，1日龄雏鸡易感性比成年鸡大1000～10000倍不等，母鸡比公鸡易感；此外，鹌鹑、火鸡、雉鸡等也可感染和发病。

病鸡和带毒鸡是主要的传染源，其羽毛囊上皮细胞中增殖的完全病毒具有很强的传染性。这些病毒随羽毛、皮屑脱落而散布到周围环境中，因对外界环境抵抗力很强，故可长时间保持传染性。本病具有高度接触传染性，在鸡群中传播迅速，易感动物主要从呼吸道感染病毒，感染后2周即可排毒，并可长时间持续排毒。据报道，有的鸡皮肤排毒可达76周。

3. 临床症状与病理变化

本病是一种肿瘤性疾病，潜伏期最短约3～4周，长的可达几个月。雏鸡早期感染后，1～18月龄均可发病，但一般在2～3月龄发病最为严重。

据症状与病变发生的部位，可将本病分为内脏型、神经型、眼型、皮肤型四种类型。

（1）内脏型　多见于2～3月龄鸡。常呈急性暴发，病鸡精神沉郁、呆立或蹲坐，常排绿色稀便，最终消瘦、脱水和昏迷。剖检常见性腺（尤其是卵巢）、肝、腺胃、心、脾、肺、肾、肠系膜、肌肉等组织肿大，并有灰白色、坚硬、大小不一的淋巴细胞增生性肿瘤突出表面，或在实质内淋巴细胞呈弥漫性浸润（图2-45～图2-52）。胸腺、法氏囊萎缩。

图2-45　肝脏肿瘤（一）

图2-46　肝脏肿瘤（二）

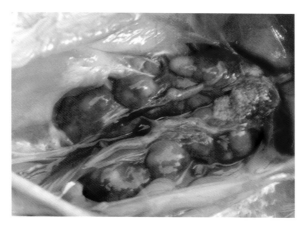

图2-47　肾脏肿瘤

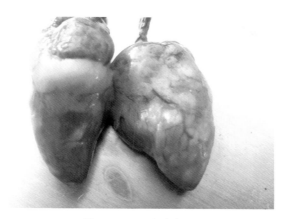

图2-48　心脏肿瘤

图2-49　腺胃、脾脏肿胀

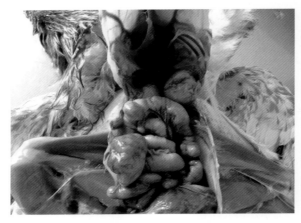

图2-50 肺脏、肠道肿瘤

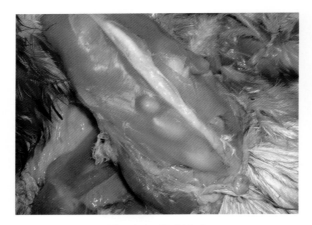

图2-51 肌肉肿瘤

图2-52 胸肌肿瘤

（2）神经型　主要侵害外周神经。由于病变部位不同，表现的症状也不同。常见坐骨神经受损，一侧不完全麻痹，另一侧完全麻痹，病鸡表现一腿向前，一腿向后，呈特征性"劈叉"姿势（图2-53）；臂神经受损时，病鸡表现翅膀下垂；支配颈部肌肉的神经受损时，表现头下垂或头颈歪斜；当迷走神经受侵害时，病鸡失声，呼吸困难，嗉囊扩张；腹部神经受损时，病鸡常有腹泻症状。剖检常见病变侧神经肿大，局部或弥散性增粗，达正常的2～3倍，黄白色或灰白色，横纹消失，有时呈水肿样外观（图2-54）。

图2-53　病鸡"劈叉"姿势

图2-54　病变侧坐骨神经肿大

（3）眼型　一侧或两侧虹膜受损变形，虹膜边缘不整齐，由正常的橘红色褪色为灰白色，瞳孔缩小，严重者如针尖大小，对光反射迟钝或消失。

（4）皮肤型　颈部、翅膀、腿部或背部毛囊肿大形成结节或瘤状物，肿瘤结节呈灰黄色，突出于皮肤表面，有时破溃（图2-55）。

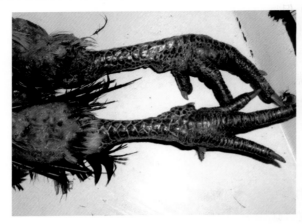

图2-55 皮肤肿瘤

4. 诊断

（1）初步诊断　根据本病流行特征、临诊症状、病理变化等可做出初步诊断，如本病常发生于1月龄以上的鸡，2～5月龄为发病高峰时间，呈零星发病或死亡。病鸡（蛋用鸡）常有典型的肢体麻痹症状和消瘦；出现外周神经受侵害、法氏囊萎缩、内脏肿瘤等病变。

（2）确诊　确诊需进行实验室诊断，可采取血清或羽髓琼脂扩散试验、间接免疫荧光抗体试验、免疫酶标抗体试验、病毒中和试验、病毒分离和鉴定等方法诊断。

（3）鉴别诊断　内脏型MD与鸡淋巴细胞性白血病在眼观变化上很相似，但可通过发病日龄、神经症状以及肿瘤分布来加以区分。

5. 防治措施

（1）执行严格的生物安全措施　加强环境卫生与消毒，尤其是孵化室和育雏室消毒可有效防止雏鸡早期感染；孵化场应远离鸡舍，孵化器具、疫苗接种室要严格消毒，种蛋入孵前和雏鸡出壳后均应用甲醛熏蒸；育雏舍应远离其他鸡舍，入雏前应彻底清扫和消毒。加强饲养管理，减少各种应激因素，提高鸡体的抗病力。采取"全进全出"制度，雏鸡应与成年鸡隔离饲养。预防免疫抑制疾病，如传染性法氏囊病、传染性贫血病等。

（2）疫苗免疫　疫苗免疫是预防本病的主要措施。

① 疫苗种类　目前全世界使用的MD疫苗毒株有三种，有人工致弱的血清Ⅰ型毒株，如CVI988株、MD$_{11}$/75/R2、K株等；血清Ⅱ型自然弱毒株，如SB$_1$、301B/1及国内的Z4株；血清Ⅲ型MDV（HVT），如FC126等。

我国当前使用最多的单价疫苗主要为CVI988与FC126，前者是细胞结合性疫苗，需液氮保存，保护效力高；后者为脱离细胞的冻干疫苗，因为生产成本低，便于保存（4℃）和价格低廉，是使用最广泛的单价疫苗，但它只能阻止肿瘤形成，而阻止不了MDV的感染，导致在同一鸡体中HVT和MDV两者共存，持续繁殖并向体外排毒，造成环境的严重污染。此外，还有多种多价疫苗，如血清Ⅱ型+血清Ⅲ型、血清Ⅰ+血清Ⅲ型组成的二价苗，这些疫苗均需要在液氮中保存和运输，但免疫效果比单价苗好。

② 免疫程序　雏鸡在出壳24h内，需接种马立克氏病疫苗，免疫途径为皮下注射。有条件的鸡场可在鸡胚18日龄使用自动化技术实施胚内接种。接种后的两周内必须加强卫生和消毒管理，杜绝疫苗发生作用前感染野毒。

③ 免疫失败　近年来在有些用HVT疫苗免疫后的鸡群仍发生马立克氏病死亡，其主要原因如下：A．疫苗使用不当，如疫苗本身的质量问题，疫苗贮存和运输时的管理，疫苗的稀释、溶解及接种技术和接种剂量等。B．母源抗体的干扰。C．环境卫生不良，发生出雏和育雏期早期感染，这是免疫失败最常见的原因。D．存在超强毒MDV感染。E．存在应激因素或其他感染，特别是引起高度免疫抑制的传染性法氏囊病、网状内皮组织增生症、鸡传染性贫血等。

（3）发病后的处理措施　发病后尚无有效药物治疗，应尽早将病鸡淘汰。

八、禽白血病

禽白血病（Avian leukosis，AL）又称禽白细胞增生病，是由禽白血病／肉瘤病毒（Avian leukosis/sarcoma viruses，ALV）群中的病毒引起的禽类多种肿瘤性疾病的总称。该病在临床上有多种表现形式，主要包括淋巴细胞性白血病、成红细胞性白血病、成髓细胞性白血病、骨髓细胞性瘤、肾母细胞性瘤、血管瘤、肉瘤、内皮瘤、肝癌、骨型白血病等。其中以淋巴细胞性白血病最为常见。

本病呈世界性分布，我国也有广泛存在。

1. 病原

本病的病原体是禽白血病／肉瘤病毒（ALV）群中的病毒，在分类上属反转录病毒科、α-反转录病毒属。病毒有囊膜，根据囊膜糖蛋白抗原结构不同，可将病毒分为A～J 10个亚群，其中A、B、C、D、E和J 6个亚群见于鸡。A、B亚群是常见外源性病毒，主要感染轻型商品蛋鸡，引起鸡淋巴白血病；C、D亚群很少发生于田间；E亚群为低致病性或无致病性的内源性病毒；J亚群据报道是一种外源性病毒与内源性E亚群病毒囊膜基因的重组体，主要引起肉鸡的髓细胞瘤。

ALV不耐热，不耐酸、碱，对外界抵抗力较弱；对紫外线抵抗力较强。对脂溶剂和去污剂敏感，病毒材料需保存在−60℃以下，而在−15℃以下，病毒半衰期不到1周；病毒在pH5～9之间稳定。

2. 流行病学

鸡是该病毒的自然宿主，自然条件下仅有鸡能感染发病。任何年龄的鸡均可感染，母鸡比公鸡易感，年龄越小易感性越高。

病鸡和带毒鸡是主要的传染源。传播方式主要是经带毒种蛋垂直传播，母鸡输卵管壶腹部含有大量病毒并可在局部复制，因此部分种蛋蛋清中含有病毒，感染种蛋孵出的雏鸡将终生带毒，产生免疫耐受，并且体内不会产生ALV的特异性抗体；另外还可直接或间接接触病鸡、带毒鸡及其污染的粪便、垫草等经消化道水平传播。

本病几乎波及所有商品鸡群，鸡群呈现渐进性发生和持续的低死亡率（1%～2%），偶尔出现高达20%或以上的死亡率；很多感染鸡群的生产性能下降，尤其是产蛋率和蛋的品质下降。

3. 临床症状与病理变化

（1）淋巴细胞性白血病（LL） 淋巴细胞性白血病是禽白血病中最常见的一种。潜伏期长，自然发病多见于14周龄后，性成熟后发病率最高。

病鸡无特异性症状，外表衰弱、沉郁、嗜睡，鸡冠和肉髯苍白皱缩，偶见青紫色。食欲不振或废绝，进行性消瘦。有的腹部胀大，可触摸到肿大的肝脏和法氏囊。有的下痢，母鸡停止产蛋，病鸡后期不能站立，衰弱死亡。

肿瘤主要见于肝、脾和法氏囊，也可侵害肾、心、肺、性腺等器官。常见灰白色或淡灰黄色的大小、多少不一的结节状、粟粒状肿瘤，有时也表现为弥漫性肿大，特别是肿大几倍的肝脏呈大理石样外观，质脆，俗称"大肝病"（图2-56、图2-57）。

（2）血管瘤 为J-亚群白血病的一种，是血管内皮细胞恶性增生造成的，主要包括毛细血管瘤、海绵状血管瘤、血管内皮瘤等。

该病主要发生于某些品系的成年蛋用鸡。病鸡发育迟缓、消瘦、贫血，鸡冠萎缩、色黄，开产前在胸部、颈部、脚趾、尾部皮肤处出现大小不等的血疱，尤以爪部严重，几天后血疱破裂，血流不止，无法控制，病鸡食欲下降、不产蛋，精神不振，皮肤、冠髯变得苍白，最后死于大出血。

剖检可见有的病死鸡在皮肤、皮下组织、眼结膜、胸骨、肌肉等处有散在或密集的暗红色的血疱；有的在肝、肺、脾、胃、肾等内脏器官的表面及实质内有散在或密集的暗红色的血疱，有时可见腹腔内有血凝块；有的在气囊、卵巢、肠道、肠系膜、输卵管、输卵管系膜、子宫壁及子宫黏膜有大小不一的血管瘤。

图2-56　肝脏肿瘤

图2-57　肝脾肿瘤

4. 诊断

（1）初步诊断　根据本病的流行特点和特征性病理变化，如鸡发病在16周龄以上，渐进性消瘦，低死亡率，内脏器官发生肿瘤或脚趾处出现血管瘤可做出初步诊断。

（2）确诊　确诊需做实验室诊断，如病理组织学检查、琼脂扩散试验、补体结合试验、免疫荧光抗体试验等。

（3）鉴别诊断　淋巴细胞性白血病要与内脏型马立克氏病相鉴别（见表2-1）。

表2-1 鸡马立克氏病（内脏型）与鸡淋巴细胞性白血病的区别

特征	鸡马立克氏病（内脏型）	鸡淋巴细胞性白血病
病原	疱疹病毒感染	淋巴细胞性白血病病毒
发病周龄	大于4周龄	常大于16周龄
麻痹或不全麻痹	经常出现	无
虹膜浑浊	经常出现	极少
周围神经和神经节肿大	经常出现	无
皮肤和肌肉肿瘤	可能出现	无
法氏囊	常见萎缩	常能形成肿瘤

5. 防治措施

本病尚无有效的疫苗预防和治疗方法。

控制本病的主要措施是种群净化。通过病原检测，对祖代、父母代种鸡进行净化，每隔1~3个月检疫1次，淘汰阳性鸡，选择蛋清或泄殖腔棉拭子检测均为阴性的母鸡所产的种蛋进行孵化。净化过程中，建立可控的生物安全环境，采用全进全出的饲养方式；对孵化器、出雏器、育雏室、育成室、禽舍及各种设施要严格控制与消毒；疫苗接种前检测，避免接种污染疫苗；人工授精时每次更换输精管；雏鸡分成小群隔离饲养；避免人工翻肛鉴别雌雄。

九、禽脑脊髓炎

禽脑脊髓炎（Avian encephalomyelitis，AE）是由禽脑脊髓炎病毒（Avian encephalomyelitis virus，AEV）引起的主要侵害鸡的一种病毒性传染病，俗称流行性震颤。本病在世界各养鸡地区均有发生，我国也有报道。

1. 病原

禽脑脊髓炎病毒（AEV）属于微RNA病毒科、震颤病毒属。病毒粒子无囊膜，不同毒株对组织的趋向性及致病性不同，多数毒株为嗜肠性，少数为嗜神经性，后者对鸡的致病性较强。AEV可在鸡胚、鸡胚肾细胞和成纤维细胞上生长繁殖。接种5~7日龄鸡胚至15日龄时，鸡胚出现特异性的矮化、肌肉萎缩、麻痹等病变。

AEV的抵抗力很强，对乙醚、氯仿、酸、胰蛋白酶、胃蛋白酶、去氧核酸酶均不敏感。病鸡脑组织中的病毒在50%甘油中可保存90天，在干燥或冷冻条件下，可存活70天。

2. 流行病学

鸡对本病最易感，其次是雉鸡、鹌鹑，再者是幼鸽、珍珠鸡、火鸡。各种年龄的肉鸡、蛋鸡均可感染，但一般只有雏禽才表现出明显的临床症状。21日龄内雏鸡感染率最高。耐过康复鸡对本病有免疫力。

本病的传染源主要是病鸡、带毒鸡。母鸡感染后5～21天从粪便排毒，21天内所产种蛋内带毒，带毒鸡胚一部分在孵化过程中死亡，一部分可孵出雏鸡。孵化出的雏鸡带毒，并且也可经粪便排毒。本病以垂直传播为主，也可经直接和间接接触病鸡、带毒鸡及其污染的粪便、垫草、用具等经消化道水平传播。

本病一年四季均可发生，但以冬春季节发病稍多。雏鸡发病率一般为40%～60%，死亡率为10%～25%。

3. 临床症状

经卵感染的潜伏期1～7天，水平感染的潜伏期最短11天。故出壳后即发病的雏鸡多为垂直传播引起，11～16天发病者为水平传播所致。

本病多发于3周龄内的雏鸡，典型神经症状多发生于1～2周龄的雏鸡。病初表现沉郁、迟钝，继而共济失调，站立不稳，不愿走动，常蹲坐于跗关节上，驱赶时以跗关节走动，或向一侧或向后方仰跌倒；阵发性头颈震颤，遇刺激时震颤加重，甚至抽搐。很快不能站立，后期两腿麻痹、软瘫直伸。逐渐瘦弱，空口吞咽，最后衰竭死亡。有的病鸡出现一侧或双侧晶状体浑浊，或浅蓝色褪色，眼球增大或失明。病程约7～28天，耐过鸡可逐渐康复，对本病有免疫力。

1月龄以上的鸡群感染后，仅出现血清学阳性反应，无临床表现。产蛋鸡群感染后仅出现1～2周的产蛋下降，下降幅度多在20%以内。

4. 病理变化

一般内脏器官无特征性剖检病变，个别病雏可见脑部充血、水肿（或积水），脑组织切面液化成空腔。少数病雏肌胃肌层由于大量淋巴细胞浸润，出现细小的灰白区，必须细心观察才能发现。严重病死雏常见肝脏脂肪变性，脾脏肿大等。成年鸡除晶状体浑浊外，无上述病变。

5. 诊断

（1）初步诊断　根据本病流行特征、临床症状、病理组织学变化等可做出初步诊断。

（2）确诊　确诊本病须进行实验室诊断。可采集病鸡脑、胰或十二指肠作为病料，经处理后接种于雏鸡或鸡胚进行病原的分离鉴定；也可通过琼脂扩散试验、雏鸡接种试验等方法进行诊断。

（3）鉴别诊断　本病的神经症状应注意与新城疫、维生素E-硒缺乏症、马立克氏病、B族维生素缺乏症等疾病相区别。这些疾病除神经症状外往往还伴随其他典型的症状或病变，一般易于区分。

6. 防治措施

（1）执行严格的生物安全措施　除搞好平时的卫生消毒措施外，要特别注意不到本病的疫区引进种鸡、种蛋和雏鸡。最好坚持自繁自养。

（2）疫苗免疫　本病可垂直传播，故应加强对种鸡的免疫，保证雏鸡不患本病。

目前常用的疫苗有活疫苗和油佐剂灭活苗两类。活疫苗主要有两种，一种是1143株活疫苗，可通过饮水法接种，接种后1周即可产生抗体，3周达到较高水平，保护期1年，母源抗体可保护子代在6周龄内不发生本病，但本疫苗具有一定毒力，接种后2周内可通过粪便排毒，故小于8周龄、处于产蛋期的鸡群不能免疫该疫苗，以免引起发病。应于10周龄以上，但不能低于开产前4周接种疫苗。接种后4周内所产蛋不能用于孵化，以防垂直传播。另一种活疫苗是禽脑脊髓炎与鸡痘二联活疫苗，一般于10周龄以下至开产前4周进行翼膜刺种。灭活疫苗安全性好，免疫后不带毒、不排毒，可在开产前18~20周龄免疫，免疫后20天即可检测到抗体，母源抗体可保护雏鸡至6周龄。

（3）发病后的控制与扑灭措施　本病目前尚无特异性药物可供治疗。雏鸡群一旦发生本病，最好全群淘汰。鸡舍用福尔马林熏蒸等彻底消毒；对感染本病的种鸡群，立即用0.2%的过氧乙酸与0.2%次氯酸钾，交替带鸡喷雾消毒。产蛋下降期所产的蛋不能作种蛋使用。产蛋恢复后所产的种蛋经严格消毒后孵化。发病鸡可使用抗生素控制继发感染，服用维生素E、B族维生素等可保护神经和缓解临床症状。

十、鸡病毒性关节炎

鸡病毒性关节炎（Avian viral arthritis，AVA）又名传染性腱鞘炎，是由呼肠孤病毒（Avian reovirus，ARV）引起的主要侵害鸡的一种病毒性传染病。它可导致病鸡运动障碍，生长停滞，饲料转化率低，淘汰率增高，给养鸡业造成很大的经济损失，是危害我国养鸡业的重要传染病之一。

1. 病原

本病病原为禽呼肠孤病毒（ARV），属呼肠孤病毒科、正呼肠孤病毒属。本病毒无囊膜，无血凝性，据中和实验可将其分为11个血清型。ARV除引起鸡病毒性关节炎外，还与一些疾病和病变有关，如吸收不良综合征、生长发育迟缓、传染性腺胃炎、心包炎等。

病毒对外界环境抵抗力较强，对热有一定抵抗力，能耐受60℃达8～10h；对2%来苏儿、3%福尔马林等均有抵抗力。用70%的乙醇和0.5%的有机碘可以灭活病毒。

2. 流行病学

该病主要发生于肉鸡，其次是蛋鸡和火鸡。各日龄的鸡均可感染，以1日龄雏鸡易感性最高，随着日龄的增大，易感性逐渐下降，自然病例多见于4～6周龄雏鸡。

病鸡和带毒鸡是主要的传染源，病毒可随粪便排出，污染饲料和饮水经消化道感染易感动物，这是本病主要的传染途径。此外，也可经种蛋垂直传播，但传播率较低；发病初期，病毒存在于病鸡血液中时，也可通过吸血昆虫传播。

3. 临床症状

本病的潜伏期为1～11天。

多数病例呈隐性经过或慢性感染。在急性感染期，病鸡主要表现跛行，有的发育不良；慢性感染期跛行更为明显，少数病鸡跗关节肿胀（图2-58、图2-59），喜蹲坐于跗关节上不愿走动，经驱赶才跳动；在日龄较大的肉鸡中可见腓肠肌肌腱断裂（图2-60），患肢屈曲不能伸展并向外扭转，导致顽固性跛行，或不能行走，采食困难，逐渐消瘦，生长受阻，最后衰竭死亡。

种鸡在产蛋期受到感染，其症状与肉用仔鸡相似，有时跟腱发生断裂，患部肿大，或不表现任何症状，但产蛋率下降10%～15%。

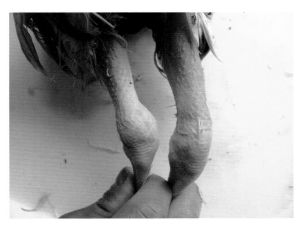

图2-58　病鸡跗关节肿胀（一）

图2-59　病鸡跗关节肿胀（二）

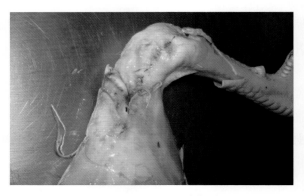

图2-60　腓肠肌肌腱断裂

4. 病理变化

病鸡跗关节周围肿胀，剖检可见关节上部腓肠肌肌腱水肿，滑膜内有充血或点状出血，关节腔内有淡黄色或血样渗出物。慢性病例的关节腔内渗出物较少，腱鞘硬化粘连，在胫跗关节远端的关节软骨上出现凹陷的点状溃疡，溃疡增大后融合在一起并侵害到下面的骨质，关节表面纤维软骨膜过度增生，关节腔内有脓性、干酪样渗出物（图2-61）。

5. 诊断

（1）初步诊断　根据本病症状及剖检变化可做出初步诊断，主要的受害部位是趾屈肌腱和跖伸肌腱。

（2）确诊　确诊需要做病毒的分离鉴定和血清学试验。可采集肿胀的腱鞘、关节液作为病料，经鸡胚接种分离病毒，并进一步做血清学试验或动物敏感性试验进行鉴定。

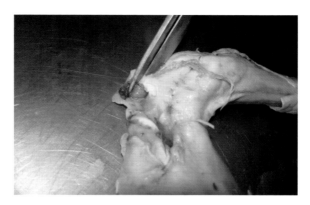

图2-61 关节腔内有脓性渗出物

（3）鉴别诊断 本病应注意与滑液囊支原体、葡萄球菌病引起的关节病变、跛行进行区别。滑液囊支原体引起的跛行多伴有呼吸症状，葡萄球菌病一般只引起单个关节病变，并且脓肿明显，内容物涂片或培养可发现细菌，早期注射青霉素有效果。

6. 防治措施

（1）加强生物安全措施 不从有本病的鸡场引进雏鸡和种蛋，采用全进全出的饲养方式；加强卫生管理和消毒，对鸡舍彻底清洗和用3%烧碱溶液或0.5%有机碘消毒，可以防止病毒的感染。

（2）免疫接种 这是目前防止病毒性关节炎的最有效方法。常用疫苗包括弱毒苗和油乳剂灭活苗两种。肉鸡可于1日龄弱毒苗饮水免疫一次；种鸡群可于1～7日龄、4周龄各弱毒苗饮水免疫一次，开产前再注射一次油乳剂灭活苗。种鸡开产前注射油乳剂灭活苗不但可防止在产蛋期因病毒感染而导致产蛋下降，还可产生母源抗体，保证雏鸡在3周龄内不被感染。

（3）发病后的处理措施 对该病目前尚无有效的治疗方法，由于患病鸡长时间向外排毒，因此应坚决淘汰病鸡。

十一、禽网状内皮组织增殖病

禽网状内皮组织增殖病（Reticuloendotheliosis，RE）是由网状内皮组织增殖病病毒（Reticuloendotheliosis virus，REV）引起火鸡、鸡、鸭和其他禽类的以淋巴网状细胞增生为特征的禽类的一类病理综合征，包括急性致死性网状细胞肿瘤、慢性淋巴细胞性肿瘤和矮小综合征。

本病能导致感染禽免疫抑制、生长缓慢、淘汰率高等，给养鸡业带来严重损失。

1. 病原

网状内皮组织增殖病病毒（REV）属于反转录病毒科、禽C型病毒属，为RNA病毒，有囊膜。不同的毒株在致病力上有差异，但都属于同一个血清型，可根据中和试验将其分为三个不同的亚型。根据病毒的复制力可将REV分为完全复制型和不完全复制型（缺陷型）两种病毒群。

REV对乙醚、氯仿等脂溶剂敏感，对常用消毒剂敏感，对紫外线有一定的抵抗力，对热敏感，不耐酸。

2. 流行病学

本病的自然宿主有火鸡、鸭、鸡、鹅和日本鹌鹑，其中以火鸡和鸭危害最为严重。本病在商品鸡群中呈散在发生，鸡接种意外污染REV的疫苗后也能发病。REV感染鸡胚或低日龄鸡，特别是新孵出的雏鸡，可引起免疫抑制。

病禽是主要的传染源，其泄殖腔排出物、眼和口腔分泌物常带有病毒。病毒可通过与感染鸡接触而发生水平传播。也有报道提出本病毒可通过鸡胚垂直传播，但通常传播率很低。

污染REV的商业禽用疫苗也是本病传播的一个重要因素，这种情况往往导致免疫失败或大批发生矮小综合征。

3. 临床症状与病理变化

RE是除马立克氏病和淋巴细胞性白血病以外，病因清楚的第三种禽病毒性肿瘤病。它包括急性致死性网状细胞肿瘤、矮小综合征、慢性淋巴细胞性肿瘤等。

（1）急性致死性网状细胞肿瘤　是由不完全复制型（缺陷型）REV-T株引起的，人工接种后潜伏期最短3天，但死亡常发生于接种后3周左右。由于病程短，常无明显的症状可见，死亡率可达100%。主要病理变化为肝、脾急性肿大，有时有局灶性灰白色肿瘤结节或弥漫性肿大；胰腺、心、肾脏和性腺有时也可见肿瘤；法氏囊常见萎缩。

（2）矮小综合征　又称生长抑制综合征，是指由完全复制型REV毒株引起的几种非肿瘤疾病的总称。鸡群表现为明显的发育迟缓和体格瘦小，病鸡消瘦苍白，羽毛粗乱和稀少。剖检可见胸腺和法氏囊发育不全或萎缩，外周神经肿大，肠炎和肝脾肿胀、坏死等。

（3）慢性淋巴细胞性肿瘤　由完全复制型REV毒株引起的慢性肿瘤，主要包括鸡法氏囊型淋巴瘤、非法氏囊型淋巴瘤、火鸡淋巴瘤和其他淋巴瘤。

以完全复制型REV感染鸡后常发生细胞免疫和体液免疫抑制。

4. 诊断

（1）初步诊断 由于缺乏特征性症状和病理变化，并且疾病的表现多种多样，许多变化易与其他肿瘤病相混淆，因此，仅通过临床诊断很难做出准确判断。

（2）确诊 本病确诊应尽可能进行病毒的分离、鉴定和血清学试验，如直接免疫荧光或病毒中和试验，可以测出感染禽血清或卵黄中的特异性抗体。间接免疫荧光试验可以测出多数血清中的抗体。

（3）鉴别诊断 本病需与马立克氏病和淋巴细胞性白血病鉴别，肿瘤病变中如有淋巴网状细胞，应认为对本病有相当诊断价值，因为这种细胞对前两种病都不是典型的病变。

5. 防治措施

至今尚无适用于本病的特异性防制办法，对本病的预防可通过种群净化、生物安全措施、防止疫苗污染等方面来进行。

十二、产蛋下降综合征

产蛋下降综合征（Eggs drop syndrome1976，EDS_{76}）是由产蛋下降综合征病毒（Eggs drop syndrome virus，EDSV）引起的导致产蛋鸡产蛋率下降的一种病毒性传染病。本病1976年首次在荷兰发现，因此而命名。现已遍及世界各地。

1. 病原

鸡产蛋下降综合征病毒（EDSV）属于腺病毒科，胸腺病毒属，禽腺病毒Ⅲ群，为无囊膜的双股DNA病毒。病毒含有血细胞凝集素，能凝集鸡、鸭、鹅的红细胞，并为特异抗体所抑制。

病毒对外界抵抗力较强，对乙醚、氯仿不敏感，pH3～7稳定，病毒在56℃下可存活3h，60℃下30min可丧失致病性，70℃20min则死亡，室温条件下可存活6个月以上，0.3%的甲醛溶液经24h，0.1%的甲醛溶液经48h可完全灭活病毒。

2. 流行病学

本病主要感染鸡。不同品系的鸡对该病的易感性不同，产褐壳蛋的鸡比产白壳蛋的鸡更易感。各年龄的鸡都易感，但自然流行主要见于产蛋率50%至高峰期之间的鸡群，即25～30周龄的蛋鸡群；幼龄鸡感染后不表现任何临床症状，病毒的毒力在性成熟前的鸡体内不表现出来。鸭、鹅感染后虽不发病，但可长期带毒排毒。

病鸡和带毒鸡是主要的传染源，它们可经输卵管、唾液、泄殖腔、精液、种蛋等排出病毒。本病主要经种蛋和精液垂直传播，也可通过接触污染的饲料、用具、蛋、环境等经消化道水平传播，水平传播较为缓慢，且呈间歇性。

3. 临床症状与病理变化

感染鸡群常无明显的全身症状。常见26～36周龄产蛋鸡突然出现群发性产蛋下降，产蛋率比正常下降20%～30%，甚至可达50%。病初蛋壳的颜色变淡，紧接着产出薄壳蛋、软壳蛋、无壳蛋、畸形蛋，蛋壳表面粗糙，一端常呈细颗粒状，如砂纸样，异常蛋可占15%以上，4～10周后才逐渐恢复到正常水平。病鸡其他方面均正常，有时出现暂时性腹泻、减食、贫血等症状。

病鸡很少死亡，自然感染的病例病变不明显，有时可见卵巢萎缩变小，输卵管各段黏膜水肿、萎缩，输卵管子宫部水肿，腔内有白色渗出物或干酪样物。

4. 诊断

（1）初步诊断　根据本病流行特征、临诊症状等可做出初步诊断。

（2）确诊　确诊需做实验室诊断。取病鸡的输卵管黏膜、变形的卵泡、无壳蛋等为病料，处理后通过鸭胚接种分离病毒，并可通过血凝抑制试验（HI）、琼脂扩散试验、免疫荧光抗体技术、中和试验和ELISA等方法进行病毒鉴定。

（3）鉴别诊断　本病应注意与新城疫、传染性支气管炎相鉴别。三者虽然均有产蛋下降和产异常蛋的现象，但EDS_{76}一般没有其他临诊症状和除生殖器以外的病理变化；而非典型新城疫则有神经症状和稍轻的呼吸道、消化道症状和相应的剖检变化；传染性支气管炎有明显的呼吸器官症状和相应的病理变化，且在恢复期产异常蛋（特别是大型蛋和小型蛋）。

此外鸡脑脊髓炎和鸡毒支原体感染也有产蛋下降现象，但不产畸形蛋、壳异常蛋，可与EDS_{76}相鉴别。

5. 防治措施

（1）加强生物安全措施　无本病的地区、鸡场、鸡群要严防本病传入，除搞好平时的卫生、消毒防制措施外，应特别注意，引进种蛋和种鸡后应严格消毒和隔离观察一段时间，施行分批饲养。严禁鸡场养鸭、鹅、鹌鹑等；鸡场和鸭、鹅场、鹌鹑场要隔离开，保持一定的距离，加强管理。

（2）免疫接种　免疫接种是本病的主要预防措施，目前常用疫苗为EDS_{76}油乳剂灭活苗，商品蛋鸡14～16周龄注射一次，接种后2周内产生免疫力，可使整个产蛋期获得免疫保护，种鸡可在35周龄时再注射一次。

（3）发病后的控制措施　目前没有特效的治疗方法，在鸡群中一旦发现有产畸形蛋、壳异常蛋、产蛋下降现象，一经确诊为本病，要尽早扑杀、淘汰病鸡和血清学阳性鸡。与其同群或同舍的鸡隔离饲养，固定专人，用具专用，每天用0.3%过氧乙酸带鸡喷雾消毒，连用7天，同时用灭活苗免疫。非同舍鸡也尽早用灭活疫苗免疫。产蛋下降期内所产的蛋，一律不留作种用，也不能作为种蛋出售。

十三、鸡传染性贫血

鸡传染性贫血（Chicken infectious anemia，CIA）是由鸡传染性贫血病毒（Chicken infectious anemia virus，CIAV）引起雏鸡的一种免疫抑制性疾病。本病在世界各养禽国家广泛存在。在我国许多地区也普遍存在。由于免疫抑制的影响，经常继发其他疾病的感染，给养鸡业造成很大危害。

1. 病原

鸡传染性贫血病毒（CIAV）属于圆环病毒科，环病毒属，是单股环状DNA病毒，无囊膜，无血凝性。不同病毒株毒力有一定差异，但抗原性无差异。

CIAV对多数理化因素都有较强的抵抗力。耐酸，pH3作用3h仍然稳定；耐热，对56℃或70℃1h和80℃15min作用有抵抗力，100℃15min可完全灭活；对氯仿、乙醚和丙酮有抵抗力。病毒在50%酚中作用5min，在5%次氯酸37℃作用2h可失去感染力。对福尔马林和含氯制剂敏感。

2. 流行病学

鸡是该病自然的宿主，各品种、日龄的鸡均可感染，自然感染常见于在2～4周龄的雏鸡，以1～7日龄雏鸡易感性最高，肉鸡比蛋鸡易感，公鸡比母鸡易感。病鸡和带毒鸡是本病主要的传染源，母鸡感染后3～14天内所产种蛋带毒，感染公鸡的精液也可造成鸡胚感染。此外，鸡感染本病后5～7周内可通过粪便大量排毒，也可通过消化道、呼吸道水平传播，但水平传播往往不引起发病，只产生抗体反应。

CIA能诱导雏鸡的免疫抑制，使其对疫病的易感性升高，降低疫苗免疫效果，特别是对鸡马立克氏病疫苗的免疫。CIA与鸡马立克氏病、传染性法氏囊病、网状内皮组织增殖病混合感染时，能增强病毒的传染性和降低母源抗体的抵抗力，从而增加鸡的发病率和死亡率。

3. 临床症状

潜伏期约为8～12天。病鸡发育受阻，精神委顿、行动迟缓，冠髯、皮肤及可视黏膜苍白。通常有局部皮肤病变，尤其以翅部严重，表现为皮肤、皮下出血，且血液稀薄如水，凝血时间延长，有的可能继发坏疽性皮炎，又称为"蓝翅病"。通常情况下死亡率不超过30%，但继发感染会导致病情加重，死亡率增加。成年鸡感染后，一般不出现症状，但可通过种蛋传播病毒，危害很大。

4. 病理变化

典型病理变化为骨髓脂肪化、胸腺萎缩和血液凝固不良。病鸡股骨骨髓脂肪化，呈淡黄色或淡红色（图2-62、图2-63）。胸腺萎缩，甚至完全退化。有的病例法氏囊萎缩，有的病例法氏囊外壁变薄，呈半透明状。肝肿大发黄或有坏死斑点。贫血严重的鸡群伴随有出血综合征，常见皮内、皮下、肌肉出血图（2-64），腺胃黏膜出血。

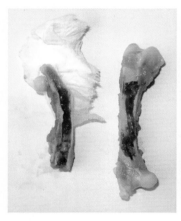

图2-62　病鸡骨髓淡红色

图2-63　病鸡骨髓呈淡红色

图2-64　病鸡腿肌出血

5. 诊断

（1）初步诊断　根据本病流行特点、症状和病理变化可做出初步诊断；血常规检查有助于诊断。

（2）确诊　确诊需要做病毒分离和血清学试验。常用肝脏病料制成悬液加等量氯仿处理后接种于1日龄SPF雏鸡或鸡胚卵黄囊，进行病毒分离培养。此外，还可采用病毒中和试验、ELISA、间接荧光抗体试验、核酸探针技术和PCR技术等诊断本病。

（3）鉴别诊断　本病应与成红细胞引起的贫血、MDV感染、IBDV感染、腺病毒感染、球虫病以及黄曲霉毒素中毒、磺胺药中毒等进行区别。

6. 防治措施

（1）加强鸡群的饲养管理及卫生措施　防止从疫区引种时引入带毒鸡；对种鸡加强检疫，及时淘汰阳性鸡是控制本病的最主要措施。鸡群应注意传染性法氏囊病和马立克氏病的防制。

（2）疫苗免疫　疫苗免疫是控制本病感染的有效手段。目前商品化疫苗主要有两种，一种是由鸡胚生产的有毒力的活疫苗，可通过饮水免疫对13～15周龄种鸡进行接种，可有效地防止其子代发病。但该疫苗不能在产蛋前3～4周接种，以防止垂直传播。另一种是减毒的活疫苗，可通过肌肉或皮下对种鸡接种，效果良好。

（3）发病后的控制措施　本病目前尚无有效的治疗方法。

十四、鸡包涵体肝炎

鸡包涵体肝炎（Inclusionbodyhepatitis，IBH）是由Ⅰ群禽腺病毒引起的一种以侵害肝脏为主的急性传染病。1951年美国首次报道本病，世界很多国家均有发生，我国也有此病的报道。

1. 病原

本病的病毒是腺病毒科、禽腺病毒属的Ⅰ群禽腺病毒，无囊膜。Ⅰ群禽腺病毒可分为A、B、C、D、E 5个种，12个血清型。很多血清型的病毒与包涵体肝炎的爆发有关，一般认为血清8、2、3、6、7、5各型毒株致病性较强。

禽腺病毒对外界环境的抵抗力较强。在室温下可保持毒价达6个月之久，对酸和热的抵抗力较强，pH3～9、50℃3h稳定，对乙醚、氯仿、脱氧胆酸钠、胰蛋白酶、2%酚均不敏感，0.2%甲醛38℃48h可灭活，对福尔马林、次氯酸钠、碘制剂较为敏感。

2. 流行病学

自然情况下本病多发生于3～7周龄的肉用鸡，但早至7日龄，晚至20周龄也有发生。传染来源主要是病鸡和带毒种蛋，病毒可存在种蛋、精液、粪便、气管和鼻腔黏膜等。传播方式可通过带毒种蛋垂直传播，或通过与病鸡直接接触传播，或接触被粪便污染的饲料、饮水传播。

本病一年四季都能发生，但以夏季高温季节多发。

3. 临床症状

往往是在小鸡或青年鸡群中突然发生急性死亡，一般3~4天出现死亡高峰，5天后死亡减少或逐渐停止，发病率不高，死亡率可达10%甚至更高。有的病情稍缓的病鸡表现出精神沉郁、嗜睡，羽毛粗乱，鸡冠、肉髯、耳垂、面部皮肤、眼结膜苍白，皮肤呈黄色，并可见到皮下出血。有的鸡出现一过性水样便。鸡群伴发有传染性法氏囊病等感染时可使发病率、死亡率增高。

4. 病理变化

本病特征性病理变化在肝脏和骨髓。肝肿大，质脆易破裂，褪色发黄，表面有大小不等的出血斑点（图2-65），包膜下有较大面积的淤血和灶状出血，有的肝脏可见大小不等的坏死灶（图2-66）。骨髓呈淡红色至淡黄色。肾脏肿大呈灰白色并有出血点（图2-67）。全身皮肤苍白贫血，血液色淡稀薄如水。胸部及腿部肌肉有出血斑点（图2-68）。

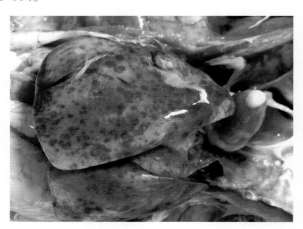

图2-65　肝脏发黄、出血

5. 诊断

（1）初步诊断　根据本病流行特征、临诊症状、病理变化特点可做出初步诊断。

（2）确诊　确诊需做实验室诊断。可选用病鸡的肝脏和脾脏，常规处理后鸡胚接种分离病毒。用琼脂扩散试验可进行定性检查，目前应用较广。还可采用血清中和试验、免疫荧光抗体试验、酶联免疫吸附试验等方法诊断。

图2-66　肝脏出血、坏死

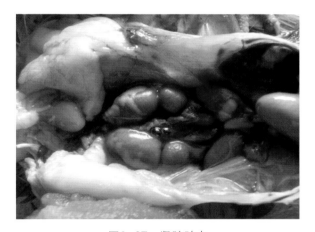

图2-67　肾脏肿大

图2-68　肌肉苍白，有出血斑点

（3）鉴别诊断　本病应注意与住白细胞原虫病、鸡传染性贫血、传染性法氏囊病的鉴别。住白细胞原虫病急性死亡的较少，末梢血液涂片可见到配子生殖Ⅱ期原虫，剖检时肌肉、内脏、肠浆膜出血，多呈大头针帽状凸出表面，较硬，肝脏无斑驳状变化；鸡传染性贫血急性死亡的较少，发病日龄多为2～4周龄雏鸡，且剖检不见肝脏斑驳状；传染性法氏囊病有典型的法氏囊肿大、出血和浆膜下胶冻样水肿的变化。

6. 防治措施

目前尚无有效的疫苗和药物，只能采取综合性防治措施。

（1）加强生物安全措施　把好引入关，严防传入本病，不从有该病的地区、鸡场引进种鸡、种蛋。坚持自繁自养。做好传染性法氏囊病、传染性鸡贫血等病的防制。加强饲养管理，防止密度过大，经常通风换气，提高鸡群的抵抗力。坚持不同群的鸡分群隔离饲养和定期消毒的卫生防疫制度等综合性防治措施。

（2）发病后的控制措施　本病尚无特效药物治疗。可用2%～3%的葡萄糖或0.01%的维生素C饮水，以保护肝脏。在饲料中添加抗生素药物，减少继发感染。但应尽量减少对肝脏有损伤的药物的使用。

十五、心包积液肝炎综合征

心包积液肝炎综合征（Hydropericardium hepatitis syndrome，HHS）是由血清4型禽腺病毒（Fowl adenovirus serotype4，FAV4）引起的一种新型家禽疾病。典型症状是3～5周龄肉鸡突然死亡，并伴随有心包积液和肝炎，因此而得名。

1987年在巴基斯坦临近卡拉奇的安卡拉首先报道本病，因此又被称为安卡拉病。本病自2013年以来在我国山东、河南、江苏、河北等地大面积流行，为家禽养殖业带来极大的经济损失。

1. 病原

心包积液肝炎综合征的病原为腺病毒科、禽腺病毒属的Ⅰ群禽腺病毒，Ⅰ群禽腺病毒目前已分离出的共12个血清型，其中血清4型禽腺病毒是引起本病的主要病原。病毒无囊膜，可凝集大鼠红细胞。

病毒对脂溶性试剂如乙醚、氯仿、脱氧胆酸钠、胰蛋白酶、2%酚和50%乙醇等具有一定的抵抗力；对酸碱度抵抗范围较广，当环境pH值在3～9 范围内时，不会对病毒的活性造成影响；病毒在−20℃可以长期存活，但在水溶液中56℃ 30min可被灭活。

2. 流行病学

各品种鸡均可感染，其中地方品种鸡、三黄鸡、白羽肉鸡多发。自然发病多见于3～5周龄的肉用仔鸡，也可见于育成鸡和蛋鸡。Ⅰ亚群禽腺病毒的感染往往为隐性感染，大部分为无症状感染，病毒长期存在于正常禽类的上呼吸道、消化道和肝脏等部位，呈带毒状态，应激因素可诱其发病。本病既可经鸡胚垂直传播，又易经排泄物特别是粪便等水平传播，两种传播方式结合使得FAV传播更快且波及范围更广。本病一年四季均可发生。

3. 临床症状

本病主要特征为无明显先兆而突然倒地，两脚划空，数分钟内死亡。发病鸡群多于3周龄开始出现死亡，4～5周龄达到死亡高峰，高峰期持续4～8天，5～6周龄时死亡减少，整个病程为8～15天。死亡率为20%～75%，最高可达80%。

4. 病理变化

病死鸡剖检可见心包腔中有淡黄色清亮的积液，可多达20mL，心包呈水囊状。心脏畸形、松弛柔软。肺脏充血和水肿。肝脏肿大、质脆，脂肪变性呈浅黄至深黄色，并有出血点或坏死灶（图2-69～图2-71）。肾脏肿大苍白，有尿酸盐沉积。腺胃和肌胃交界处条状出血。有的胰脏有坏死灶。

图2-69　心包积液，肝脏肿胀出血

5. 诊断

（1）初步诊断　根据本病流行特征、临诊症状、病理变化等特点可做出临床初步诊断。如3周龄鸡突然死亡、剖检出现心包积液等。

（2）确诊　确诊需做实验室诊断。如ELISA、琼脂凝胶沉淀试验（AGP）、反

图2-70　肝脏肿大出血

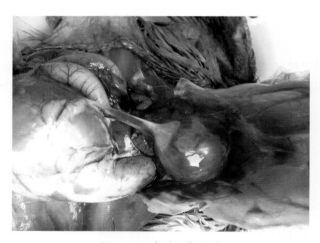

图2-71　病鸡心包积液

向免疫电泳、PCR及核酸杂交技术等。

6. 防治措施

（1）加强生物安全措施　建立良好的饲养管理制度，避免从感染鸡群引入雏鸡，防止病原从场外传入，加强环境卫生和日常消毒工作。

（2）疫苗免疫　目前我国尚无正规的商品化疫苗可供使用，有些学者研发了油乳剂灭活疫苗，对控制本病取得了良好的效果。

（3）发病后的控制措施　对于此病尚无可靠的治疗方法。发病后可添加优质维生素和葡萄糖以增强抵抗力；同时适当投服抗生素以控制细菌继发感染。

第二节　鸡细菌性传染病防治

随着集约化养鸡场的增多和规模不断扩大，环境污染越发严重，细菌性传染病明显增多，不少病原菌已成为养鸡场的常在菌；而且若在养殖过程中药物使用不当甚至滥用药物，极易促使细菌产生耐药性，此时一旦发病，诸多药物都难以奏效。因此，科学的饲养管理，搞好环境卫生和合理用药对于有效控制细菌性传染病是十分重要的。

鸡细菌性传染病可以用抗菌药物进行预防和治疗。在使用药物治疗时，要重视以下几个方面的问题：一是敏感用药，有些病原菌易产生耐药性，用药前最好先做药敏试验，以便选用敏感药物；二是要考虑药物的体内过程，内服给药治疗全身性感染的疾病时，要选择内服能够吸收的药物，若使用内服不易吸收的药物，则必须通过注射或气雾给药；三是要考虑鸡群的采食量，当鸡群采食量明显下降，内服给药不能达到有效的血药浓度时，则必须通过注射给药途径。这一点在生产实践中尤其要注意，以免延误病情和造成药物的浪费。

本节中涉及人畜共患的细菌性传染病有禽沙门氏菌病和大肠杆菌病。禽沙门氏菌病中最重要的病原是引起禽副伤寒的众多沙门氏菌，其中鼠伤寒沙门氏菌、肠炎沙门氏菌和海德堡沙门氏菌还是引起人食物中毒的最常见的病原菌。禽类中分离到的多数大肠杆菌血清型只对禽类有致病作用，一般不引起其他动物（包括人类）的感染。但是鸡敏感的大肠杆菌O_{157}：H_7也是引起人类肠道出血的病原菌，因此，该病作为一种潜在的人畜共患病，具有重要的流行病学及公共卫生意义。

一、禽沙门氏菌病

禽沙门氏菌病（Avian salmonellosis）是由肠杆菌科、沙门氏菌属中的一种或多种沙门氏菌引起的禽类疾病的总称。沙门氏菌广泛存在于家禽的肠道内，在自然界中，鸡是其重要的贮存宿主。禽沙门氏菌病可分为三类：鸡白痢、禽伤寒和禽副伤寒。其中鸡白痢和禽伤寒沙门氏菌有宿主特异性，主要引起鸡和火鸡发病，而禽副伤寒沙门氏菌则能广泛感染多种动物和人。禽副伤寒沙门氏菌病具有重要的公共卫生意义。

（一）鸡白痢

鸡白痢（Pullorum disease）是由鸡白痢沙门氏菌引起的鸡的传染病，主要侵害鸡和火鸡。雏鸡以细菌性败血症和排白色浆糊状粪便为特征，发病率和死亡率较高；成年鸡常呈慢性或隐性经过；育成鸡也可发生本病。

1. 病原

鸡白痢沙门氏菌属于肠杆菌科，沙门氏菌属；为两端钝圆、革兰氏染色阴性的小杆菌；无荚膜，无鞭毛，不形成芽孢。本菌为需氧或兼性厌氧菌，在营养琼脂平板和麦康凯琼脂平板上生长良好，形成细小、透明、光滑、湿润、边缘整齐的圆形菌落；在SS琼脂上形成无色透明的圆形菌落，少数产H_2S的菌株菌落中央有黑色中心（图2-72）。

图2-72　产H_2S鸡白痢沙门氏菌在SS琼脂上的菌落

由于成年家禽类感染后3～10天能检出相应的凝集抗体，因此临床上常用凝集试验检测隐性感染者和带菌者。鸡伤寒沙门氏菌与鸡白痢沙门氏菌具有共同抗原。本菌对热和常规消毒剂的抵抗力不强，70℃10min，0.1%升汞、0.2%福尔马林和3%苯酚15～20min均可将其杀死。

2. 流行病学

本病最常发生于鸡，其次是火鸡。各种日龄的鸡对本病均有易感性，但以2～3周龄的雏鸡发病率和死亡率最高。随着日龄的增加，鸡的抵抗力也随之增强，3周龄后的鸡发病率和死亡率显著下降。成年鸡感染后常呈慢性感染。

病鸡和带菌鸡是本病的主要传染源。本病既可水平传播，又可垂直传播，经卵传播是本病最重要的传播方式。带菌鸡所产的蛋会有一部分带菌，大部分带菌蛋的胚胎在孵化过程中死亡或停止发育，少部分能孵化出雏鸡。这种带菌的幼雏往往在出壳不久发病，可使同群雏鸡感染，感染后的雏鸡多数死亡，但有些带菌的雏鸡始终不表现症状，成为带菌鸡。卫生差、密度高、育雏温度偏低或波动过大、环境潮湿等都容易诱发本病。

3. 临床症状

（1）雏鸡　经卵传播者大多在孵化过程中死亡，或孵出病弱雏；出壳后感染的雏鸡，7～10日龄发病逐渐增多，在2～3周龄时达死亡高峰。病雏怕冷寒战，聚堆，翅下垂，闭眼嗜睡，食欲降低；常下痢，排白色、糊状稀粪，肛门周围的绒毛常被干燥的粪便结成硬块，封住肛门，病雏不断尖叫；有的呼吸困难；有的跛行，可见关节肿大。病程一般为4～10天，死亡率50%～80%，3周龄以上发病者较少死亡。

（2）中雏　腹泻，排出颜色不一的粪便，病程比雏鸡白痢长，本病在鸡群中可持续20～30天，表现零星死亡。

（3）成年鸡　成年鸡感染后一般无任何症状或仅出现轻微的症状，如精神不振，冠髯苍白，食欲下降，部分鸡排白色稀便；产蛋率、受精率和孵化率下降；有的发生卵黄性腹膜炎。

4. 病理变化

（1）雏鸡　急性死亡的雏鸡常无明显病变，有时可见肝脏肿大、充血，表面有针尖大的坏死点（图2-73）。病程稍长的雏鸡可见心脏、肺脏、肝脏、肌胃、肠道、胰脏等脏器出现灰白色或黄白色坏死结节（图2-74～图2-79）；胆囊肿大；心包积液；盲肠内有大量干酪样物；卵黄吸收不良，内容物呈带黄色的奶油状或干酪样。

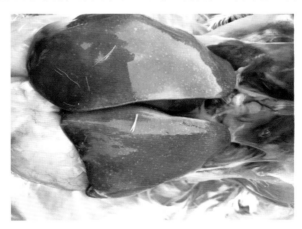

图2-73　肝脏有针尖大坏死点

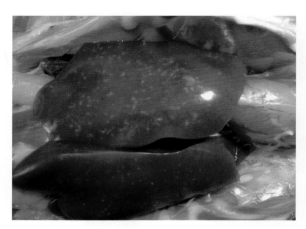

图2-74　肝脏有灰白色坏死结节

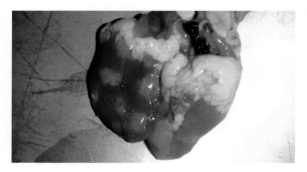

图2-75　心脏有灰白色坏死结节

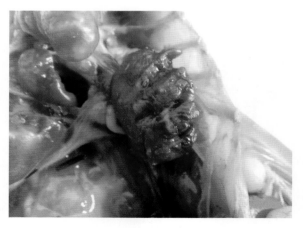

图2-76　肺脏有黄白色坏死结节

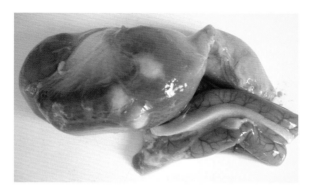

图2-77　肌胃有黄白色坏死结节

图2-78　肠道有灰白色坏死结节

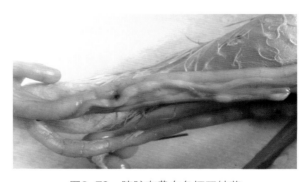

图2-79　胰脏有黄白色坏死结节

（2）中雏　肝脏淤血肿大，达正常的2～3倍，质脆易碎，表面有灰白、灰黄色坏死点，有时为出血点。有的肝被膜破裂，腹腔内有血凝块（图2-80）。

（3）成年鸡　卵泡变形、变色和变质（图2-81），极易导致卵黄性腹膜炎，并可引起肠管与其他内脏器官粘连；公鸡的病变仅限于睾丸和输精管，睾丸极度萎缩，输精管扩张，充满黏稠的渗出物。成年鸡急性死亡后，可见肝脏明显肿大，呈黄绿色；心包积液；心肌偶见灰白色的小结节；肺水肿、淤血；胰腺有时出现细小坏死灶；脾脏、肾脏肿大及点状坏死。

图2-80　肝脏肿胀、坏死、破裂

图2-81　卵泡变形、变色和变质

5. 诊断

（1）初步诊断　根据本病的流行特点、临床症状和病理变化可做出初步诊断。

（2）确诊　确诊则需要通过血清学诊断和细菌的分离鉴定。分离培养细菌后，将可疑菌落穿刺接种三糖铁琼脂斜面并在斜面上划线，同时接种半固体培养基，37℃培养24h后观察结果，若无运动性，并且在三糖铁琼脂培养基上出现阳性反应时，则进一步作血清学鉴定。

6. 防治措施

（1）种鸡场检疫净化　淘汰种鸡群中的带菌鸡是控制本病的最重要措施。一般的做法是挑选和引进健康雏种鸡，到60～70日龄用全血平板凝集试验进行第一次检疫（图2-82），按规定剔除阳性鸡和可疑鸡；第二次检疫可在16周龄时进行，以后每隔一个月检疫一次，直到全群阳性率不超过0.5%。

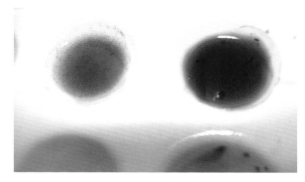

图2-82　全血平板凝集试验

（2）加强饲养管理、卫生和消毒工作　采用全进全出制；每次进雏前都要对鸡舍、用具等进行彻底消毒并空舍一周；育雏室要做好保温及通风工作，昼夜温差要小；消除发病诱因，保持饲料和饮水的清洁卫生。

（3）做好种蛋、孵化器、孵化室、出雏器的消毒工作　孵化用的种蛋必须来自鸡白痢阴性的鸡场，要求种蛋每天收集4次，收集的种蛋先用0.1%新洁尔灭消毒，然后放入种蛋消毒柜熏蒸消毒，再送入蛋库中贮存。种蛋放入孵化器后，进行第2次熏蒸，排气后按孵化规程进行孵化。出雏60%～70%时，用福尔马林（14mL/m³）和高锰酸钾（7g/m³）在出雏器对雏鸡熏蒸15min。

（4）药物和微生态制剂预防　可使用敏感药物进行预防，使用益生菌时，避免与抗菌药物同时应用。

（5）药物防治　氨苄青霉素、强力霉素、氟苯尼考、庆大霉素、阿米卡星、磺胺类药物等对本病具有治疗效果。必要时做药物敏感试验，筛选敏感药物。

（二）禽伤寒

禽伤寒（Fowl typhoid）是由鸡伤寒沙门氏菌引起的家禽的一种败血性传染病，呈急性或慢性经过。

1. 病原

鸡伤寒沙门氏菌为肠杆菌科的成员，革兰氏染色阴性，细长杆菌。本菌抵抗力不强，80℃ 10min内很快被杀死。一般常用的消毒剂均可在短时间内杀死本菌。

2. 流行病学

鸡和火鸡对本病最易感。雏鸡对本病高度易感，有时出现高死亡率。病鸡和带菌鸡是主要的传染源，其粪便中含有大量病原菌，可通过污染的垫料、饲料、饮水、车辆等进行水平传播，易感禽可经消化道、眼结膜等感染；本病也可经卵垂直传播；此外，老鼠、饲养管理人员、野鸟等也可传播本病。

3. 临床症状

本病的潜伏期为4～5天，病程5天左右。

经卵垂直传播可造成死胚或弱雏，病雏表现精神沉郁，聚堆，排白色稀便，当肺受到侵害时，出现呼吸困难。雏鸡的死亡率可达20%～40%。青年鸡或成年鸡感染时，急性经过者常表现突然停食，精神委顿，羽毛松乱，冠和肉髯苍白，体温升高1～3℃，病鸡排黄绿色稀便，死亡率较低，康复鸡往往成为带菌者；亚急性或慢性经过者症状不典型，主要表现为长期腹泻、食欲不振、消瘦。

4. 病理变化

成年鸡最急性病例无眼观变化；急性病例最特征的变化是肝、脾、肾充血肿大；亚急性和慢性病例的特征病变是肝肿大呈青铜色（图2-83），有时肝脏和心脏有灰白色坏死灶（图2-84），卵泡破裂引起腹膜炎。卵泡出血、变形和变色。

图2-83 肝肿大呈青铜色

图2-84 肝脏有灰白色坏死灶

5. 诊断

（1）初步诊断 根据流行病学、临床症状和病理变化可以做出初步诊断。

（2）确诊 确诊必须进行细菌的分离培养和鉴定以及血清学试验。

6. 防治措施

防治本病关键首先要加强饲养管理，搞好环境卫生，减少病原菌的侵入；家禽饮用水和饲料要符合国家相关标准，避免沙门氏菌污染；病死禽及粪便要无害化处理；避免狗、猫和鸟等动物进入禽舍。其次要定期检疫，净化种鸡场，从根本上切断本病的传播途径。同时还要选择敏感的药物进行预防和治疗。

（三）禽副伤寒

禽副伤寒（Fowl paraphoid）是由除鸡白痢沙门氏菌和鸡伤寒沙门氏菌之外的能运动的众多血清型沙门氏菌引起的禽类传染病，统称为禽副伤寒。主要危害鸡和火鸡，常引起幼禽严重的死亡，母鸡感染后会引起产蛋率、受精率和孵化率下降。许多温血动物，包括人类也能感染。

1. 病原

引起禽副伤寒的沙门氏菌常见的有鼠伤寒沙门氏菌、肠炎沙门氏菌、鸭沙门氏菌、乙型副伤寒沙门氏菌、猪霍乱沙门氏菌等，其中以鼠伤寒沙门氏菌最为常见。本菌为革兰氏阴性杆菌，有鞭毛，能运动，不形成荚膜和芽孢；兼性厌氧，能在营养琼脂和普通肉汤中生长，在营养琼脂平板上形成圆形、光滑、湿润、微隆起、闪光、边缘整齐、直径1~2mm的菌落；能产生H_2S的菌株，在SS琼脂上可形成中心黑色的菌落。

禽副伤寒沙门氏菌的抵抗力不强，60℃ 15min可被杀死；酸、碱、酚类及甲醛等常用消毒剂对其有很好的杀灭效果。在蛋壳、粪便、孵化室脱落的绒毛中可长期存活。在土壤中可存活几个月，在含有机物的土壤中存活更长。

2. 流行病学

禽副伤寒最常见于鸡、火鸡、鸭、鹅、鸽子等，常在2周内感染发病，而以6~10日龄雏禽死亡最多，1月龄以上的家禽有较强的抵抗力，一般不引起死亡，也往往不表现临床症状；在其它禽类及哺乳动物也常见本病。

本病的传染源是病禽、带菌禽及其它带菌动物，它们粪便带有病原菌，污染饲料、饮水后经消化道传播；也可通过卵传播；野鸟、猫、鼠、蝇、人可成为本病的机械性传播者。鸡舍闷热、潮湿、卫生条件差，过度拥挤，维生素或微量元素缺乏等都能促进本病的发生。

3. 临床症状

禽副伤寒在幼禽多呈急性或亚急性经过，在成年禽一般为隐性感染，表现慢性经过。

鸡胚感染者在孵化器内就出现死亡，有的在出壳后最初几天死亡；出壳后感染的雏鸡则表现嗜睡、呆立、羽毛松乱、聚堆，食欲减弱，水样下痢，少数病鸡表现结膜炎，病程约1～4天；成年鸡在临床上多呈慢性经过，有时表现为下痢、产蛋下降、消瘦等。

4．病理变化

最急性死亡的病雏一般没有明显病变，有时可见肝脏肿大。病程稍长的可见卵黄呈凝固状；肝和脾充血，有条纹状出血斑或小的灰白色坏死灶；肾充血；心包积液；十二指肠出血；盲肠内可见有干酪样栓子。成年鸡或火鸡的急性病例一般可见到肝、脾、肾脏充血性肿胀，肠道出血性肠炎，严重者可见心包炎等；慢性者可见卵泡变形、变色、变质，有时可见卵黄性腹膜炎。

5．诊断

（1）初步诊断　根据本病流行特征、临床症状和病理变化可以做出初步诊断。

（2）确诊　确诊需做病原的分离与鉴定，可采集肝脏作为病料，在营养琼脂上划线，37℃培养24h，观察菌落的形态，然后再进行细菌鉴定。

6．防治措施

（1）综合预防措施　平时应严格做好饲养管理、卫生消毒、检疫和隔离工作。感染过沙门氏菌的种鸡群应淘汰；所有更新种鸡群和种蛋均应无沙门氏菌感染；产蛋箱要足够且经过消毒，种蛋的收集频率要高，收集后及时熏蒸消毒；孵化室、孵化器、出雏器等要严格消毒；水线要经常清洗，确保水质安全；注意饲料的卫生，合理存放。鸡群应隔离饲养，定期饲喂微生态制剂。

（2）治疗　药物治疗可以降低死亡，但不能完全消灭本病。氟喹诺酮类药物、氨苄青霉素、磺胺类药物、强力霉素、氟苯尼考、庆大霉素、阿米卡星等对本病具有治疗效果，发病后最好通过药敏试验选择敏感的药物进行治疗。对死鸡及病重濒死的鸡只应立即淘汰、深埋、焚烧或高压灭菌处理，防止病原扩散。

二、鸡大肠杆菌病

鸡大肠杆菌病（Avian colibacillosis）是由某些致病性或条件致病性大肠杆菌引起的鸡的不同疾病的总称，包括急性败血型、输卵管炎型、腹膜炎型、鸡胚和幼雏早期死亡、脐炎、大肠杆菌性肉芽肿、关节炎、全眼球炎、肿头综合征、脑炎等病型。本病从鸡的胚胎期至产蛋期均可发生。对养鸡业危害较大。

1. 病原

大肠杆菌（*E.coli*）属于肠杆菌科，埃希氏菌属，为两端钝圆的中等大小杆菌，多单在，革兰氏染色阴性。本菌在营养琼脂平板上37℃培养24h后，形成表面光滑、透明或不透明、边缘整齐、隆起的菌落。在肉汤中生长良好，呈均匀混浊。在伊红美蓝琼脂培养基上形成紫黑色带绿色金属光泽的菌落（图2-85），在麦康凯琼脂平板上形成红色菌落（图2-86）。

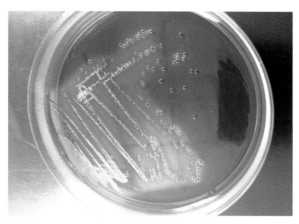

图2-85　大肠杆菌在伊红美蓝琼脂培养基上形成紫黑色带绿色金属光泽的菌落

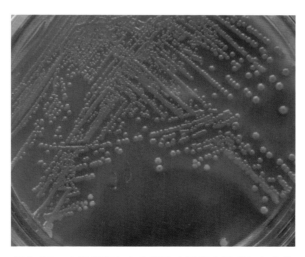

图2-86　大肠杆菌在麦康凯琼脂平板上形成红色菌落

大肠杆菌具有中等程度抵抗力，在温暖、潮湿的环境中存活期不超过1个月，在寒冷而干燥的环境中能生存较久。一般的消毒药能将其杀死，尤其氯制剂、甲醛和氢氧化钠消毒效果好。

2. 流行病学

各年龄的鸡只都能感染大肠杆菌，但幼鸡更易感，肉鸡比其他品种鸡易感。本病可经蛋传播，也可经呼吸道、消化道感染。接触被大肠杆菌污染的垫料、饲料、饮水，通过消化道感染，是鸡只发病的主要原因；交配及人工授精也可造成传播。

本病一年四季均可发生，但以冬春寒冷季节多发。大肠杆菌是健康家禽肠道中正常菌群的一部分，也是养殖环境中的常在菌，因此大肠杆菌病也是一种条件性疾病，卫生差、通风不良、密度过大、湿度过高或过低、过冷或过热、疫苗接种、鸡舍内尘土飞扬等因素都可诱发本病或加重本病病情。此外，本病极易与其他疾病相互继发或混合感染。

3. 临床症状与病理变化

（1）大肠杆菌败血症　为典型意义的大肠杆菌病，危害严重，发生频率高。各日龄鸡只都能感染，但主要发生于5周龄以内的雏鸡。病鸡食欲减退或废绝，羽毛松乱，排黄白色稀粪，肛门周围羽毛被污染，病死鸡消瘦，脱水，肉髯、鸡冠发紫。

剖检最常见的病变是纤维素性气囊炎、纤维素性肝周炎、纤维素性心包炎，有时可见纤维素性腹膜炎。

纤维素性气囊炎表现为气囊混浊，气囊壁增厚、不透明，囊腔内有黄白色的干酪样渗出物（图2-87）。纤维素性心包炎表现为心包积液，心包膜混浊、增厚，

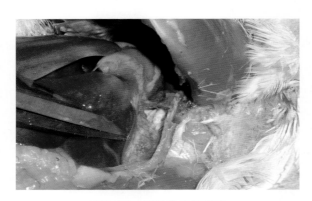

图2-87　纤维素性气囊炎

心外膜及心包膜上有纤维素性物质附着，严重者心外膜与心包膜粘连；纤维素性肝周炎表现为肝脏淤血肿大，表面有不同程度的纤维素性渗出物（图2-88）。纤维素性腹膜炎表现为整个腹腔内混有纤维素性渗出物，脏器粘连（图2-89）。

图2-88　纤维素性心包炎、纤维素性肝周炎

图2-89　纤维素性腹膜炎

（2）输卵管炎　产蛋鸡多发，多为输卵管逆行感染所致。病鸡产畸形蛋和带菌蛋，严重者减蛋或停止产蛋。剖检可见输卵管扩张变薄，内有黄白色纤维素渗出物或异形蛋样物（图2-90、图2-91），表面不光滑，切面呈轮层状，输卵管黏膜充血、增厚。

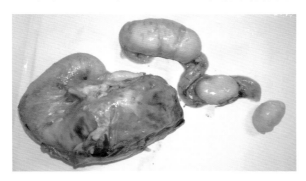

图2-90　输卵管内黄白色纤维素渗出物

图2-91 输卵管炎

（3）卵黄性腹膜炎　此型成年母鸡多见。由于卵巢、卵泡和输卵管感染发炎，卵黄坠落于腹腔中，进一步发展成为广泛的卵黄性腹膜炎，所以大多数病鸡往往突然死亡。剖检可见腹腔中充满淡黄色腥臭的液体和破损的卵黄（图2-92），腹腔脏

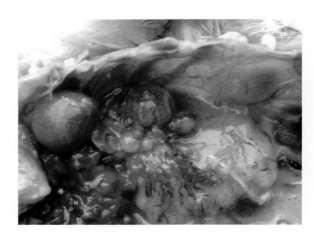

图2-92 卵黄性腹膜炎

器的表面覆盖一层淡黄色、凝固的纤维素性渗出物；卵巢中的卵泡变形，呈灰色、褐色或酱油色等不正常颜色，有的卵泡皱缩；滞留在腹腔中的卵泡若时间较长则凝固成块，切面呈层状；破裂的卵泡则卵黄凝结成大小不等的碎块（图2-93）；输卵管黏膜发炎，管腔内有黄白色的纤维素渗出物。

（4）鸡胚和幼雏早期死亡　由于蛋壳被粪便污染或产蛋鸡患有大肠杆菌性卵巢炎或输卵管炎，致使鸡胚卵黄囊被感染，使在其孵出前即告死亡。受感染的卵黄囊内容物变为黄绿色黏稠状或黄棕色水样物（图2-94）。被感染的鸡胚有的孵出带

图2-93 卵黄性腹膜炎

图2-94 幼雏卵黄囊内黄棕色水样物

菌的雏鸡，这部分雏鸡通常在出生后发病或成为弱雏，在3周龄内陆续死亡。

（5）脐炎 常见于出生后1周内的雏鸡，病鸡精神沉郁（图2-95），脐孔周围红肿，腹部膨大，脐孔闭合不良（图2-96），卵黄吸收不良（图2-97），病程稍长的还可见到心包炎的变化。本型死亡率高。

（6）大肠杆菌性肉芽肿 是一种慢性大肠杆菌病，可侵害雏鸡和成年鸡，常在十二指肠、盲肠、肠系膜、肝脏、心脏等处形成大小不一的肉芽肿结节。

（7）关节炎 此型多见于幼、中雏，一般呈慢性经过，跛行。跗关节和趾关节肿大，关节腔内有混浊的关节液，滑膜肿胀、增厚（图2-98）。

（8）全眼球炎 单侧或双侧眼睛肿胀，眼内有纤维素性渗出物，眼结膜潮红、肿胀，严重者失明。

图2-95 病鸡精神沉郁

图2-96 脐孔闭合不良

图2-97 卵黄吸收不良

图2-98 关节腔内有混浊的关节液

（9）脑炎 有些大肠杆菌能突破鸡的血脑屏障进入脑部，引起脑部感染，病鸡昏睡或有神经症状。剖检可见脑膜充血、出血、脑实质水肿。

（10）肿头综合征 可见于3～5周龄的肉鸡。肉鸡头面部肿胀（图2-99、图2-100），头部皮下组织胶冻样浸润、出血（图2-101）。本病通常是由于上呼吸道病毒感染（如禽肺病毒、传染性支气管炎病毒等）继发大肠杆菌感染所致，氨的存在会促进本病的发生。

图2-99 病鸡头面部肿胀

4. 诊断

（1）初步诊断 根据本病的流行特点、症状及剖检病变可做出初步诊断。

（2）确诊 确诊需进行细菌的分离与鉴定。可采集肝、心等脏器作为病料直接触片，进行美蓝染色或瑞氏染色，可见单在的中等大小的杆菌（图2-102、图2-103）。可用麦康凯琼脂平板或伊红美蓝琼脂平板划线分离培养，观察菌落状态。

图2-100　病鸡头部、眼睑肿胀

图2-101　头部皮下组织有胶冻样渗出物

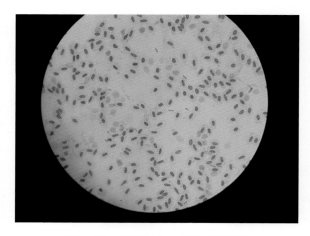

图2-102　肝脏触片，美蓝染色镜检

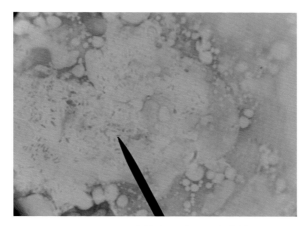

图2-103　肝脏触片，瑞氏染色镜检

5. 防治措施

（1）加强饲养管理和搞好环境卫生　应加强对粪便的处理，定期清除粪便，并作发酵处理。清扫鸡舍，保持干燥卫生，定期对鸡舍进行带鸡消毒；保证鸡舍内通风良好，降低鸡舍内氨气等有害气体的浓度；保证饲料、饮水的清洁，水线要经常清洗，必要时可在饮水中加入适当浓度的消毒药。

（2）加强种鸡的饲养管理和严格种蛋及孵化用具消毒　种鸡场应及时发现和控制大肠杆菌病鸡；采精、输精过程注意器械消毒。及时集蛋、存放，存放时间不能超过1周；种蛋在入孵前、落盘后应严格消毒，孵化室、孵化器、出雏器均应定期消毒，并做好消毒效果监测。

（3）控制好其他疫病　搞好禽流感、新城疫、传染性法氏囊病等的免疫接种以及禽白血病的净化。

（4）免疫接种　目前已研制出针对主要致病血清型O_2∶K_1和O_{78}∶K_{80}等的多价大肠杆菌灭活苗。从应用实践来看，目前较为可行的方法是从常发病的鸡场分离致病性大肠杆菌，制成多价灭活苗用于本场，对于减少本病的发生具有一定的作用。

（5）药物防治　用分离出的大肠杆菌做药敏试验，选择高度敏感药物用于治疗。要注意交替用药，给药时间要早，疗程要足。常用于治疗本病的药物有阿米卡星、氟苯尼考、头孢噻呋、强力霉素、磺胺类药物等，治疗时还应注意对症治疗和改善环境。

三、禽霍乱

禽霍乱（Fowl cholera，FC）又称为禽出血性败血症、禽巴氏杆菌病，是由多杀性巴氏杆菌引起的一种急性败血性传染病。临床上常表现为急性败血症，发病率和死亡率均很高，也可表现为慢性和良性经过。

1. 病原

本病病原为多杀性巴氏杆菌，属巴氏杆菌科、巴氏杆菌属。菌体为两端钝圆，中央微凸的短杆菌；革兰氏染色呈阴性，多单个或成对存在。无鞭毛，不形成荚膜和芽孢。病料组织或血液涂片用碱性美蓝染色，镜检可见菌体两端着色深，中央部分着色浅，很像并列的两个球菌。本菌为需氧或兼性厌氧菌。可在普通培养基上生长，但长得不好；在鲜血琼脂平板上生长良好，不溶血。在肉汤中培养时，初期呈均匀混浊，24h后上部清亮，管底有灰白色絮状沉淀。

本菌对各种理化因素的抵抗力不强。阳光直射和干燥条件下易死亡；60℃10min可被杀死；3%的石炭酸、5%的石灰乳、1%的漂白粉、0.02%的升汞作用1min即可杀死本菌；在死禽体内可存活30～90天。

2. 流行病学

各种家禽对本病都有易感性，家禽中以鸡、火鸡、鸭最易感，鹅次之。本病主要发生于120天以上的鸡，2个月以下的雏鸡很少发生。病禽和带菌禽是本病主要的传染源。主要通过呼吸道、消化道传播，也可通过损伤的皮肤、黏膜传播。

本病的发生无明显的季节性，南方一年四季均有发生，北方则多在高温、潮湿、多雨的夏、秋季节流行。

3. 临床症状

自然感染潜伏期由数小时到2～9天不等。

（1）最急性型　常见于流行初期，病鸡无任何前驱症状，突然倒地，拍翅、挣扎、抽搐，迅速死亡，病程短者数分钟，长者不过数小时。

（2）急性型　病鸡体温升高，精神沉郁，食欲减少或不食，口渴，羽毛松乱，离群呆立，闭目缩颈，呼吸急促，口、鼻流出带泡沫的黏液，鸡冠及肉髯发绀，甚至呈黑紫色。后期常有剧烈下痢，粪便灰黄色或绿色有时混有血液，最终衰竭、昏迷死亡。鸡群产蛋减少。病程短的约半天，长的1～3天。

（3）慢性型　病鸡表现食欲不振，精神沉郁，常见鸡冠和肉髯水肿、苍白，随后可出现干酪样变化，或坏死、脱落；有的翅、腿关节肿大，切开肿大的关节可见有干酪样物；有的腹泻；有的鼻窦肿大，流鼻液。

4. 病理变化

（1）最急性型和急性型　本病的主要病变是出血和坏死。腹部脂肪、皮下组织常见小出血点；心包积有淡黄色液体，心冠脂肪和心外膜有针尖大小的出血点（图

2-104、图2-105）；肺有出血、水肿、淤血，有实变区；肠黏膜充血、出血；肝脏肿大、质脆，呈棕黄色或棕红色，有许多针头或小米粒大小的灰白色或黄白色的坏死点，有时见小出血点（图2-106）。

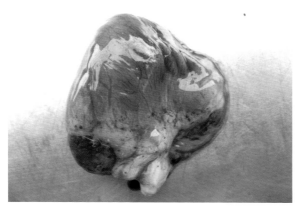

图2-104　心冠脂肪和心外膜有针尖大小的出血点

图2-105　心冠脂肪、心外膜出血

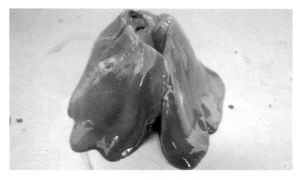

图2-106　肝脏有灰白色坏死点

（2）慢性型　有的病鸡鼻腔、鼻窦、气管、支气管呈卡他性炎症，分泌物增多，有的病鸡肺质地变硬；有的肉髯肿胀，内有干酪样渗出物；有的关节肿大、变形，有炎性渗出物和干酪样坏死。有的可见卵巢明显出血，卵黄破裂，腹腔脏器表面附着干酪样的卵黄物质。

5. 诊断

（1）初步诊断　根据流行特点结合临床症状和剖检变化可以做出初步诊断。

（2）确诊　确诊需进行实验室诊断。采集肝、心、肺等器官作触片，美蓝染色，显微镜观察可见两极浓染的卵圆形小杆菌；还可通过PCR等分子生物学方法进行检测。

（3）鉴别诊断　急性鸡霍乱与鸡新城疫在诊断时应注意区分，其鉴别要点见表2-2。

表2-2　急性鸡霍乱与鸡新城疫鉴别要点

项目	急性鸡霍乱	鸡新城疫
病原	多杀性巴氏杆菌	新城疫病毒
易感动物	鸡、鸭、鹅均易感，鸭最易感	鸡最易感，鹅常见
流行特点	传播较慢，且有间隔，散发性或地方流行	传播迅速，呈流行性
病程	短（半天或1～3天）	较长（多数3～5天）
咯咯声	无	有
神经症状	无	流行后期常有
腺胃乳头出血	无	常见
肝脏坏死点	常见	无
盲肠扁桃体出血溃疡	无	常见
肠道局灶性溃疡	无	常见
抗菌药物治疗	有效	无效

6. 防治措施

（1）隔离饲养　加强鸡群的隔离饲养，减少发病诱因。

（2）建立和完善卫生消毒计划　定期进行环境和鸡舍的消毒。新引进的鸡要隔离饲养1个月，同时进行药物预防，观察无病时方可正常饲养，不要混群饲养。

（3）免疫接种　在禽霍乱常发或流行严重的鸡场，可接种菌苗进行预防。多杀性巴氏杆菌具有复杂的抗原性，生产中即使使用疫苗免疫也不一定能达到100%的预防效果，为避免因暴发菌株的抗原结构与疫苗的抗原结构不同而导致疫苗的免疫效果不佳，可选择使用禽霍乱自家组织灭活苗，即本场病死鸡的肝脏制备而成的疫苗，用于本场鸡群的预防接种。

（4）药物预防　当周围禽场发生禽霍乱时，或有应激因素存在时，如气温骤变、突换饲料、转群等，可考虑进行全群药物预防，常用的药物有头孢类药物、强力霉素、氟苯尼考、氟喹诺酮类药物等。

（5）治疗　发生本病后，可通过药敏试验筛选敏感的药物进行治疗。同时对饲养环境和用具彻底消毒；粪便、病死鸡及废弃物等及时清除并无害化处理。

四、鸡葡萄球菌病

鸡葡萄球菌病（Avian staphylococcosis）是由金黄色葡萄球菌引起的鸡的急性败血性或慢性细菌性传染病。临诊表现主要为急性败血症、关节炎、脐炎等。雏鸡和中雏死亡率较高，是规模化养鸡场的重要传染病之一。

1. 病原

本病病原为金黄色葡萄球菌，菌体为圆形或卵圆形，革兰氏染色呈阳性，在固体培养基上生长常呈葡萄串状排列，而在脓汁或液体培养基中生长则表现单在、成对或短链状排列。本菌无鞭毛，无荚膜，不形成芽孢。

金黄色葡萄球菌为需氧或兼性厌氧菌，在普通营养琼脂培养基上生长良好，37℃培养24h后，形成表面光滑、湿润、隆起的圆形菌落。在血液琼脂平板生长的菌落较大，有些菌株菌落周围出现 β 溶血环，产生溶血环的菌株多为病原菌（图2-107）。

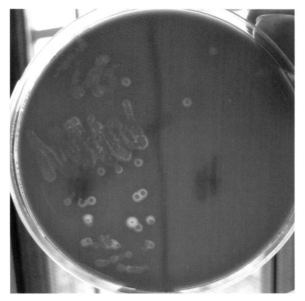

图2-107　金黄色葡萄球菌菌落周围出现溶血环

本菌对外界理化因素的抵抗力较强，在尘埃、干燥的脓汁或血液中能存活几个月，加热80℃ 30min才能杀死，煮沸可迅速死亡。消毒药物中以石炭酸效果较好。

2. 流行病学

金黄色葡萄球菌分布极为广泛，空气、尘埃、污水以及土壤中都有存在，是环境中的常在菌，也是鸡体表及上呼吸道正常菌群的一部分。皮肤创伤是金黄色葡萄球菌病感染的主要途径，常见于脐孔感染、鸡痘、啄伤、刺种、带翅号或断喙、网刺、刮伤和扭伤、吸血昆虫的叮咬等，可经直接接触和空气传播。此外，本病也可经呼吸道和消化道传播。

金黄色葡萄球菌病的发病率和死亡率一般不高，免疫抑制性疾病及应激因素可促进本病的发生。

3. 临床症状

（1）急性败血型　常发生于40～60日龄的中雏。病鸡不愿运动，精神沉郁，常呆立或蹲伏一处，闭眼缩颈，双翅下垂，羽毛松乱，无光泽，食欲减退或废绝，饮水减少。部分病鸡排出黄绿色稀便。胸、腹部皮肤呈紫色或紫褐色，皮下浮肿，有时可延伸到大腿内侧，触动有波动感，局部羽毛脱落，有的破溃，流出紫红色液体。有的在翅膀背侧及腹侧、翅尖、背部、腿部等处的皮肤出现坏死性皮炎，有大小不等的出血、糜烂（图2-108）。病雏多在2～5天死亡，严重的1～2天死亡。死亡率10%～50%不等，其差异主要与环境条件等因素有关。

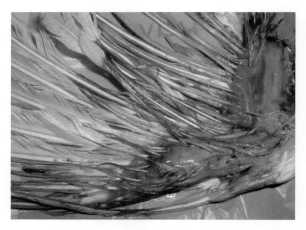

图2-108　鸡葡萄球菌坏死性皮炎

（2）脐炎型　脐炎多发生在刚出壳不久的幼雏，多因脐孔闭合不全而感染葡萄球菌病。病雏腹部膨胀，脐孔发炎，局部质硬呈黄红或紫黑色，病程稍长则变成干涸的坏死物。发生脐炎的病鸡一般在出壳后2～5天死亡。

（3）关节炎型 多发生于雏鸡，表现多个关节炎性肿胀，尤以趾、跖关节多见。肿胀的关节呈紫红或紫黑色，有波动感，有时破溃形成黑色结痂。病鸡表现跛行，不愿站立和走动，多伏卧，逐渐消瘦，最后衰竭死亡。病程10天以上。

（4）眼炎型 主要表现为上下眼睑肿胀，眼睛闭合，被脓性分泌物粘连，用手掰开时，见眼结膜红肿，眼角有多量的分泌物。病程长的眼球下陷、失明。最后衰竭死亡。

（5）肺炎型 多发生于中雏，主要表现为呼吸困难和全身症状，病死率一般在10%以上。

4．病理变化

（1）急性败血型 皮下充血和溶血，皮下组织呈弥漫性紫红色，积有大量水肿液（图2-109、图2-110）；同时，胸、腹、腿内侧有散在的出血斑点或条纹；有的病鸡可见肝脏肿大，淡紫红色，病程长的可见数量不等的白色坏死点（图2-111）；脾脏有时有白色坏死点；心包积液。

图2-109 腿部皮下有紫红色胶冻样水肿液

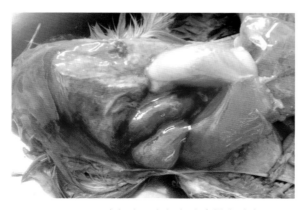

图2-110 腹部皮下有红色胶冻样水肿液

图2-111　肝脏有白色坏死点

（2）关节炎型　常见关节和滑膜炎症，表现关节肿胀，滑膜增厚，关节腔内有浆液性或纤维素性渗出物，病程长的渗出物变为干酪样。

（3）脐炎型　脐部肿大，呈紫红色或紫黑色。卵黄吸收不良，呈黄红或黑灰色，并混有絮状物。

5. 诊断

（1）初步诊断　根据流行病学特点、临床症状及病理变化，可做出初步诊断。

（2）确诊　确诊还需分离鉴定病原，进行实验室检查。

（3）鉴别诊断　本病应注意与病毒性关节炎、滑液囊支原体感染、硒缺乏症等进行鉴别。

滑液囊支原体感染多发生于9～12周龄的鸡，跛行，死亡率很低，经血清学检查可确诊。病毒性关节炎多发生于肉用仔鸡，关节肿大，腿外翻，跛行，死亡率较低；而葡萄球菌病蛋鸡的发病率稍高，关节肿大，发热，触摸时有疼痛感，卧地不起。硒缺乏症多发生于15～30日龄的雏鸡，渗出液呈蓝绿色，且局部羽毛不易脱落，有明显的神经症状出现；葡萄球菌病多发生于40～60日龄的中雏，渗出液呈紫黑色，局部羽毛易脱落，缺乏明显的神经症状。

6. 防治措施

（1）防止和减少外伤的发生　鸡舍内网架安装要合理，网孔不要太大，捆扎塑料网的铁丝头要处理好，不能裸露；消除鸡笼、网具等的一切尖锐物品。

（2）搞好鸡舍卫生和消毒工作　定期用次氯酸进行带鸡消毒，可减少鸡舍环境中的细菌数量，降低感染机会。

（3）加强饲养管理和药物预防　饲喂全价饲料，适时通风换气，保持环境干燥；避免鸡群密度过大；适时断喙，防止互啄现象发生，断喙前后要使用药物进行预防。

（4）鸡痘的预防接种　适时做好鸡痘的预防接种工作，防止继发感染本病。

（5）预防接种　常发病的鸡场可用葡萄球菌多价氢氧化铝灭活苗控制本病的发生和蔓延。

（6）治疗　一旦鸡群发病，要立即全群给药治疗。可通过药敏试验，选择敏感药物，如头孢类药物、庆大霉素、阿米卡星、阿莫西林等抗菌药。

五、传染性鼻炎

传染性鼻炎（Infectious coryza，IC）是由副鸡嗜血杆菌引起的鸡的一种急性或亚急性传染病。本病分布于世界各地，死亡率不高，可造成蛋鸡产蛋下降（10%～40%），育成鸡生长停滞及淘汰鸡数增加，肉鸡肉质下降。

1. 病原

本病病原为副鸡嗜血杆菌。本菌具有多形性，幼龄时为一种革兰氏阴性的小球杆菌，多单在，有时成对或呈短链排列；美蓝染色或瑞氏染色时表现两极浓染。不形成芽孢；无鞭毛，不能运动；新分离的菌株可形成荚膜。

副鸡嗜血杆菌为兼性厌氧菌，在含5%～10% CO_2的大气环境中易于生长。鲜血琼脂或巧克力琼脂可满足本菌的营养需求，培养24h后，在鲜血琼脂上可形成灰白色、半透明、表面光滑、边缘整齐的针尖大小的菌落，不溶血；由于葡萄球菌在生长过程中可合成副鸡嗜血杆菌生长所必需的V因子，因此，把副鸡嗜血杆菌和葡萄球菌在鲜血琼脂上交叉划线培养时，在葡萄球菌菌落附近可长出副鸡嗜血杆菌的菌落，即所谓的"卫星菌落"。

通过玻片凝集试验可将本菌分为A、B、C三个血清型。不同国家血清型的分布不同，我国流行的以A血清型为主。

副鸡嗜血杆菌的抵抗力很弱，固体培养基上的细菌在4℃时能存活两周；在45℃存活不超过6min；在冻干条件下可以保存10年。

2. 流行病学

本病主要发生于鸡，各日龄的鸡均可感染，以8周龄以上的育成鸡和产蛋鸡最易感，尤以产蛋鸡发病最多。

病鸡及隐性带菌鸡是本病主要的传染源。可通过飞沫及尘埃经呼吸道传染，也可通经污染的饲料和饮水经消化道感染；此外，饲养用具和管理人员可机械性传播本病，麻雀也可成为传播媒介。

本病传播迅速，密集型饲养的鸡群一旦发病，3～5天内很快波及全群，发病率一般可达70%，有时甚至100%。多数情况下死亡率较低，但当有其他疾病，如禽流感、鸡毒支原体感染、大肠杆菌病、传染性支气管炎等混合或继发感染时，将会加重病情，并导致较高的死亡率。

传染性鼻炎一年四季均可发生，有明显的季节性，冬、春两季发病较多。鸡群饲养密度过大、不同日龄的鸡混合饲养、通风不良、鸡舍内有害气体浓度过高、鸡舍寒冷潮湿、维生素A缺乏、寄生虫侵袭、气候突变等因素都能促使本病发生。

3. 临床症状

本病潜伏期短，自然感染鸡常在1～3天内出现症状，很快蔓延到整个鸡群。

发病初期，病鸡表现发热、采食减少，初期鼻腔流出稀薄水样的汁液，继而转为黏稠脓性的鼻液，病鸡时常甩头，打喷嚏。常见眼睑和面部出现水肿，严重的整个头部肿大，眼球陷于肿胀的眼眶内（图2-112、图2-113）。有的眼睑被分泌物

图2-112 病鸡面部肿胀

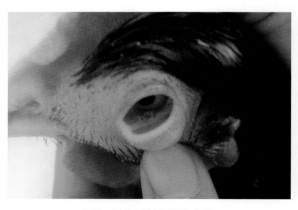

图2-113 病鸡眼睑水肿

粘连，眼睛内有干酪样物（图2-114、图2-115）。有的下痢、排绿色粪便。蛋鸡产蛋减少，一般下降25%左右，但蛋的品质变化不大。育成鸡还表现增重减缓，开产期延迟，弱残鸡增多，淘汰率升高。公鸡常见肉髯肿胀。当炎症蔓延到下呼吸道时，病鸡出现呼吸困难，呼吸时发生啰音。

图2-114　病鸡眼睑粘连

图2-115　病鸡眼睛内有干酪样物

病程一般为4～18天。若饲养管理不当，缺乏营养及感染其他疫病时，则病程延长，病情加重，病死率也增高。

4. 病理变化

鼻腔和窦黏膜呈急性卡他性炎症，黏膜充血肿胀，表面覆有大量黏液，鼻窦内有纤维素性渗出物，后期变为干酪样物。结膜充血、肿胀，面部及肉髯水肿。

5. 诊断

（1）初步诊断　根据流行病学特点、症状和病理变化可做出初步诊断。

（2）确诊 确诊须进行病原的分离鉴定、血清学试验、动物接种试验。

6. 防治措施

（1）搞好综合防治措施，消除应激因素 鸡场与外界、鸡舍与鸡舍之间要保持相当的距离；保持鸡舍合理的饲养密度和良好的通风条件，不同日龄的鸡只不能混养，饲料营养要全面。注意鸡舍的卫生和消毒。寒冷季节气候干燥，舍内空气污浊、尘土飞扬，应定期带鸡消毒，降落空气中的粉尘，净化鸡舍的空气。定期饮水消毒，并清洗饮水用具。

（2）免疫接种 可用传染性鼻炎多价油乳剂灭活苗免疫接种。健康鸡群在3～5周龄接种一次，开产前再接种一次，每只鸡0.5mL，保护期一般3～4个月，可有效减少本病发生。

（3）治疗 本菌对多种抗生素及化学药物敏感，临床上常选用氟苯尼考、强力霉素、环丙沙星、磺胺类药物等。由于传染性鼻炎常与支原体混合感染，因此，选用磺胺类药物再配合使用泰乐菌素和壮观霉素等，可以提高治疗效果。饮水中加入氯制剂、碘制剂等消毒剂，可以减少本病通过饮水传播的机会。

六、鸡坏死性肠炎

鸡坏死性肠炎（Necrotic enteritis）是由A型或C型产气荚膜梭状芽孢杆菌引起的鸡的一种传染病。近年来，该病在肉鸡和其他生长快速的鸡群中有逐渐增加的趋势。

1. 病原

坏死性肠炎的病原为A型或C型产气荚膜梭菌，而由其所产生的α毒素和β毒素则被认为是引起感染鸡肠黏膜坏死这一特征性病变的直接因素。

产气荚膜梭菌为直杆状、两端钝圆的大杆菌，单在或成对，革兰氏染色呈阳性。无鞭毛，不能运动；芽孢位于菌体中央或近端；多数菌株在动物体内可形成荚膜。产气荚膜梭菌在自然界分布极广，土壤、饲料、污水、粪便及人畜肠道内均可分离到。

本菌为厌氧菌，但对厌氧程度的要求并不严格。对营养要求不苛刻，在普通培养基上可以生长，在绵羊血液琼脂平板上形成直径2～5mm、圆形、边缘整齐、灰色至灰黄色、光滑半透明、隆起的大菌落，菌落表面有辐射状条纹。大多数菌株形成的菌落呈现双重溶血，内环完全溶血，外环不完全溶血。

2. 流行病学

自然发病仅见于鸡，肉鸡、蛋鸡均可发生，尤以平养鸡多发。肉鸡发病日龄一般为2～6周龄；蛋鸡的发病日龄为2周龄至6月龄。产气荚膜梭菌是肠道的寄居菌，肠内容物、粪便、垫料、土壤、污染的饲料中均含有产气荚膜梭菌，主要经消化道感染。

本病多为散发，一年四季均可发生，尤以夏季多发。鸡群密度大、通风不良、饲料的突然更换、饲料中鱼粉或小麦的含量过高、高纤维垫料、不合理使用药物添加剂、球虫病导致的肠黏膜损伤等均会诱发本病。

3. 临床症状

病鸡常突然发病，没有明显症状地突然死亡；病程稍长的可见病鸡精神沉郁、呆立，羽毛松乱，食欲减退或废绝，常有腹泻，排出黑色或混有血液的粪便。病程1～2周，死亡率2%～3%，如治疗不及时或有并发症则死亡明显增加，最高可达50%。

4. 病理变化

病变肠道的肠壁脆弱，肠管扩张，是正常的2～3倍，肠腔内充满气体和带血的内容物。肠黏膜充血、出血、坏死（图2-116），常附着一层黄色或绿色假膜（图2-117），易剥脱。有的可见因肠道穿孔而引发的腹膜炎。少数病鸡肝脏表面有圆形黄白色坏死灶。

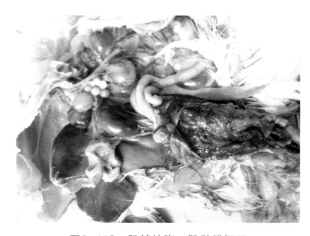

图2-116 肠管扩张、肠黏膜坏死

5. 诊断

（1）初步诊断 根据流行病学特点和病变可做出初步诊断。

（2）确诊 确诊需做病料涂片镜检、病原菌的分离鉴定及动物接种试验。

（3）鉴别诊断 溃疡性肠炎是由肠道梭菌引起的，特征性病变为小肠后段和盲肠的多发性坏死和溃疡，同时伴有肝脏坏死；而坏死性肠炎病变常见于空肠和回

图2-117　肠黏膜表面附着黄色假膜

肠，肝脏和盲肠很少发生病变。球虫病的病变以肠黏膜出血为特征，可通过粪便涂片镜检有无球虫卵即可鉴定。

　　6．防治措施

　　（1）加强饲养管理，提高鸡只抵抗力　减少应激因素，做好其他疾病的预防工作，尤其控制球虫病的发生，对减少本病有重要意义；搞好鸡舍卫生，饲养密度合适，使用乳头式饮水器。

　　（2）药物防治　添加抗微生物药物可减少粪便中产气荚膜梭菌的作用，对本病有良好的治疗与预防作用，常用的有青霉素、氨苄青霉素、四环素、林可霉素、磺胺类药物、杆菌肽锌、泰乐菌素等。在治疗的同时还应改善鸡舍卫生条件，认真做好卫生消毒工作，降低饲养密度，加强通风。

七、禽弯曲杆菌性肝炎

　　禽弯曲杆菌性肝炎（Avian campylobacter hepatitis）是由嗜热弯曲杆菌引起的鸡的一种细菌性传染病。本病发病率高、死亡率低，呈慢性经过。

　　1．病原

　　本病的病原是弯曲杆菌属中的空肠弯曲杆菌和结肠弯曲杆菌，其中空肠弯曲杆菌是从禽类分离出来的最常见的一种，禽类是空肠弯曲杆菌的储存宿主。弯曲杆菌是纤细、弯曲的杆菌，具有多形性，呈弧状或逗点状、螺旋状；革兰氏染色阴性；菌体一端或两端着生鞭毛，有运动性。

　　弯曲杆菌对干燥极其敏感，干燥、日光照射可迅速将其杀死。本菌为微需氧菌，在外界环境中很快就会死亡。对酸和热敏感。多数菌株对红霉素、强力霉素、卡那霉素、庆大霉素、氟喹诺酮类药物有不同程度的敏感性。

2. 流行病学

本病自然感染主要发生于鸡，成年蛋鸡最易感。鸽子、鹧鸪、鹌鹑、雉鸡、鸵鸟能感染本病。可通过污染的饲料、饮水经消化道感染。带菌鸡多在天气突变、转群和注射疫苗等应激情况下发病。

3. 临床症状与病理变化

潜伏期约2天，雏鸡常呈急性经过，表现精神沉郁和腹泻，粪便呈黄褐色，浆糊状或水样，污染肛门周围羽毛。病变主要是从十二指肠末端到盲肠分叉之间的肠管扩张，积有黏液和水样液体，有时出血。

蛋鸡感染后常呈慢性经过，表现精神沉郁，开产期延迟，体重减轻，初期产沙壳蛋、软壳蛋较多，不易达到预期的产蛋高峰，鸡冠干燥、苍白、皱缩并有鳞片状皮屑，常有腹泻。产蛋下降25%～35%，病死率一般2%～15%。剖检常见肝脏肿大，呈土黄色，质脆，有大小不等的出血点和出血斑。肝表面和实质内散布黄色星状坏死灶或菜花样黄白色坏死区（图2-118）。有时肝被膜下出血，形成血肿。

图2-118 肝脏有黄色星状坏死灶

4. 诊断

（1）初步诊断 根据本病的流行病学、症状、病理变化可以做出初步诊断。

（2）确诊 确诊应以分离到致病性弯曲杆菌为依据。

（3）鉴别诊断 鸡沙门氏菌病、鸡淋巴细胞性白血病虽都可引起肝脏肿大，但鸡沙门氏菌病病原为革兰氏阴性短小杆菌，鸡淋巴细胞性白血病病鸡的肝脏、脾脏和法氏囊有肿瘤样结节。

5. 防治措施

（1）综合性防疫措施 本病尚无有效的菌苗，应采取综合性防疫措施。对感染过弯曲杆菌的鸡场应对鸡舍、鸡笼、用具、垫料等彻底消毒，清除鸡舍内残余的病原菌。防止鸡群与其他动物、鸟类接触，减少弯曲杆菌传入鸡群的机会。

（2）药物预防 对鸡群采取有效的药物预防，消除和减少应激，防止和控制其他降低鸡群抵抗力的疾病和寄生虫病。

（3）加强管理　防止本菌污染饲料，尽可能通过严格的生物预防措施，减少或防止中间媒介如昆虫、麻雀等污染饲料。

（4）治疗　在饲料或饮水中添加氟喹诺酮类药物、金霉素、土霉素、强力霉素、庆大霉素、氟苯尼考、磺胺二甲基嘧啶等药物对本病有较好的治疗作用。

八、鸡绿脓杆菌病

鸡绿脓杆菌病（Pseudomonas aeruginosa disease）是由绿脓假单胞杆菌引起的以败血症、关节炎、眼炎等为特征的传染病。

1．病原

本病病原为绿脓假单胞杆菌，属于假单胞菌科，假单胞菌属。绿脓假单胞杆菌广泛存在于土壤、水、空气中以及人、畜肠道和皮肤表面，为两端钝圆的小杆菌，革兰氏染色呈阴性，单在或成双排列，偶见短链排列。有鞭毛，能运动。

该菌在营养琼脂培养基上生长良好，生成光滑湿润、带蓝绿色荧光、有芳香气味的圆形菌落，细菌能分泌两种色素，一种是可溶于氯仿和水的绿脓菌素，另一种是仅溶于水不溶于氯仿的荧光素。菌体的代谢产物中有毒力很强的外毒素A和外毒素磷脂酶C。

2．流行病学

1～35日龄雏鸡发病最为常见。可经消化道、呼吸道或创伤感染。饲养环境低劣，长途运输，温度低等应激因素导致体质下降，注射用具消毒不严等，可引起雏鸡群绿脓杆菌病的发生。蚊虫叮咬，也可引起感染。

3．临床症状

病雏精神沉郁，食欲下降，羽毛粗乱，卧地不起。下痢，排出黄绿色水样稀粪，有时粪便中带有血。病雏消瘦，胸腹部、颈部、两腿内侧皮下水肿，全身衰竭死亡。有的病雏眼周围潮湿、水肿，眼闭合或半闭，眼流泪，角膜或眼前房混浊，常造成单侧眼失明。有的跗关节和跖关节明显肿大，病鸡跛行，严重者以跗关节着地，不能站立。

4．病理变化

剖检可见胸腹部、头颈部以及两腿内侧皮下水肿、出血、溃烂，皮下有淡黄绿色胶冻样浸出物；肝脏脆而肿大，呈土黄色，有淡灰黄色小米粒大小的坏死点；脾脏肿大，有出血点；心包积液，心冠脂肪出血，心外膜有出血点；肺脏充血、出

图2-121 病鸡眼部发炎

4. 病理变化

剖检常见鼻腔、眶下窦、气管、支气管和气囊有黏稠的渗出物或黄白色干酪样物（图2-122）。气囊壁变厚和混浊，气囊壁上出现干酪样渗出物（图2-123、图2-124）。如有大肠杆菌混合感染时，可见纤维素性心包炎和纤维素性肝周炎。

图2-122 病鸡眶下窦内有黄白色干酪样物

图2-123 气囊壁混浊，有干酪样渗出物

图2-124　气囊壁变厚，渗出物增多

5. 诊断

（1）初步诊断　根据流行特点、症状和剖检变化可做出初步诊断。

（2）确诊　确诊需做实验室诊断。

（3）鉴别诊断　本病在临诊上应注意与传染性鼻炎、传染性支气管炎等相鉴别。传染性鼻炎出现面部肿胀；传染性支气管炎可出现支气管栓塞。

6. 防治措施

（1）加强饲养管理，消除发病诱因　科学的饲养管理和避免各种应激因素是预防本病的关键。饲养密度、通风要标准化；避免鸡舍内忽冷忽热。

（2）带菌种蛋处理　鸡毒支原体病可经卵传播，选用对支原体有效的药物浸泡种蛋，或种蛋加热处理，可以杀死蛋内的一些支原体，但可导致孵化率降低3%～5%。

（3）药物预防　1～3日龄用泰乐菌素按每千克水0.5g饮水，饮水用药4天。种鸡在产蛋前用泰妙菌素按每千克水0.125g饮水用药3天。

（4）疫苗接种　疫苗有灭活苗和弱毒苗两种，目前常用的弱毒苗是F株疫苗，可作点眼或饮水免疫。蛋鸡和种鸡可于2～3周龄和开产前各免疫接种1次油乳剂灭活苗。

（5）净化种鸡群　用血清平板凝集试验进行定期检疫，淘汰阳性种鸡。

（6）治疗　发病后可选择敏感药物治疗，鸡毒支原体对支原净、泰乐菌素、红霉素、螺旋霉素和链霉素等敏感，但对青霉素和磺胺类药物有抵抗。

二、滑液囊支原体感染

滑液囊支原体感染（Mycoplasma synoviae infection）又称滑液囊支原体病，是由滑液囊支原体（MS）引起的鸡的一种慢性传染病，可造成肉鸡生长速度减慢，饲料转化率降低，淘汰率升高；蛋鸡生殖器官发育不整齐，没有产蛋高峰或产蛋高峰延迟；种鸡孵化率降低等。

1．病原

本病的病原为滑液囊支原体，呈多形态的球形体，革兰氏染色阴性。不同毒株的毒力有差异。滑液囊支原体对冷、热、干燥和一般消毒剂都很敏感。在湿冷的环境中可存活几天，但在干燥和热的环境里只能存活几个小时。

2．流行病学

本病自然情况下仅感染鸡和火鸡。经蛋感染的雏鸡可见1周龄内发病，急性感染多发生于4～12周龄的鸡，慢性感染可见于任何日龄。本病发病率有时达90%～100%，但死亡率通常在1%以下。

病鸡和带菌鸡是主要的传染源，此外，疫苗污染滑液囊支原体也是一个非常重要的传染来源。滑液囊支原体可水平和垂直传播。易感鸡与感染带菌鸡直接接触可感染此病；亦可通过空气中的飞沫或尘埃经呼吸道传播。也可经卵传播，经卵传染的最高峰在种群感染后的30～60天，病原潜伏在鸡体内数天到数个月，一旦鸡群受到不良因素的刺激，则易发病。

3．临床症状

自然接触感染的潜伏期一般为10～20天，经蛋垂直传播的雏鸡可在1周龄内发病。

（1）关节型 感染初期，病鸡精神尚好，饮食正常；病程稍长，则精神不振，喜卧，喜独处，食欲下降，生长缓慢，消瘦，脱水，鸡冠苍白，严重时鸡冠萎缩。常见跗关节和跖关节肿胀、跛行，甚至变形（图2-125）；有时可见胸部龙骨出现硬结，进而软化为胸囊肿。成年鸡症状轻微，体重减轻。

图2-125 跗关节和跖关节肿大

（2）呼吸型 表现为咳嗽、打喷嚏，流鼻涕，甩鼻，气管啰音等症状。

4. 病理变化

（1）关节型 常出现滑膜炎、腱鞘炎和骨关节炎，病初关节水肿，有黄色或灰色渗出物，有黏性（图2-126）；随病程延长，渐变混浊，或呈干酪状（图2-127）。受影响的关节呈橘黄色，关节软骨出现糜烂；出现胸囊肿，龙骨滑膜囊内出现黄色干酪样渗出物，出现胸囊肿（图2-128、图2-129）。

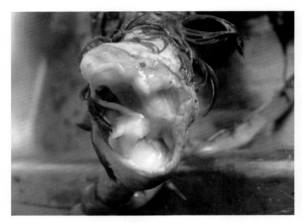

图2-126 关节腔内有黄色黏性渗出物

图2-127 关节腔内橙色干酪样渗出物

（2）呼吸型 呼吸道黏膜发生卡他性炎症，黏膜水肿、充血、出血，渗出物增多。

图2-128　胸囊肿

图2-129　龙骨滑膜囊内黄色干酪样渗出物

5. 诊断

（1）初步诊断　根据流行特点、症状及病理变化可做出初步诊断。

（2）确诊　进一步确诊需进行实验室诊断。

6. 防治措施

（1）预防　培育无病健康的种鸡群，用血清平板凝集试验或酶联免疫吸附试验进行定期检疫，淘汰阳性种鸡。选用对支原体有效的药物浸泡种蛋，或种蛋加热处理，防止MS经蛋传播。加强饲养管理，避免各种应激因素。还可在易发日龄选择泰乐菌素、泰妙菌素等敏感药物进行预防。

（2）治疗　发病后可选择敏感药物治疗，如支原净、泰乐菌素、红霉素、螺旋霉素和链霉素等。

第四节 鸡真菌性传染病防治

一、禽曲霉菌病

禽曲霉菌病主要是由烟曲霉菌和黄曲霉菌等曲霉菌引起的鸡的一种传染病，病鸡呼吸困难、咳嗽，肺、气囊、胸腹腔浆膜表面形成曲霉菌性结节或霉斑。雏鸡多发，发病率和死亡率都很高，成年鸡多为散发。

1. 病原

本病主要病原体为烟曲霉，其次为黄曲霉。另外，黑曲霉、构巢曲霉、土曲霉等也有不同程度的致病性。曲霉菌能形成许多霉菌孢子，广泛分布于空气中。

本菌为需氧菌，在25℃和37～45℃均能生长。在马铃薯培养基和孟加拉红培养基上均可生长。烟曲霉在固体培养基可形成大的白色绒毛状菌落，经24～30h后开始形成孢子，菌落中央呈深绿色、浅灰色、黑蓝色，周边呈白色。曲霉菌能产生毒素，可使动物麻痹、痉挛和组织坏死等。

曲霉菌的孢子对外界环境的抵抗力很强，在干热120℃、煮沸5min才能杀死。在一般消毒药物中，如2.5%福尔马林、3%石炭酸等需经1～3h才能灭活。

2. 流行病学

曲霉菌的孢子在自然界分布广泛，如土壤、饲料、谷物、养禽舍内、动物体表等都可存在。霉菌孢子还可借助于空气流动散播到较远的地方，在温暖潮湿、有机物丰富的环境下，可大量生长繁殖，产生大量霉菌孢子。

本病可引起多种禽类发病，鸡、鸭、鹅、鸽、火鸡及多种鸟类均有易感性。以幼禽易感性最高，尤其是1～12日龄雏禽最易感，在育雏期间可呈急性暴发。

孵化环境受到严重污染时，霉菌孢子可透过蛋壳侵入而引起胚胎感染。本病发生的主要原因是饲料、垫料被曲霉菌污染，造成饲养环境中有大量霉菌孢子，从而经呼吸道、消化道感染。

孵化室温暖潮湿、卫生不良以及种蛋消毒不严等是本病暴发的主要原因。另外，育雏室温度过高、湿度过高、通风不良、阴暗潮湿、雏禽密度大等因素常常是引起本病发生的重要诱因。

3. 临床症状

自然感染的潜伏期2～7天。

（1）急性型　多见于雏鸡，病鸡精神沉郁，食欲减少或不食，饮水增加，呼吸困难并张口呼吸（图2-130），冠和肉髯发绀、咳嗽、流泪、流涕，常伴有下痢；病原侵害眼睛时，眼睑肿胀、结膜充血，眼分泌物增多，甚至导致眼睑粘连，严重者失明；有的病原侵害脑组织，引起共济失调、角弓反张、麻痹等神经症状，多在发病后2～3天急性死亡。

图2-130　病鸡呼吸困难、张口呼吸

（2）慢性型　多见于育成鸡和成年鸡，症状较轻，常见生长缓慢、消瘦、呼吸困难、腹泻等症状；产蛋鸡产蛋减少。死亡率低，病程半月以上。

4. 病理变化

肺脏表面和实质有灰黄色至灰白色粟粒样或珍珠状霉菌结节（图2-131），有时气囊、胸腹腔浆膜上可见大小不等的干酪样结节、灰绿色霉斑或霉菌性结节，质地较硬，切开后可见中心为干酪样坏死物，内含大量菌丝体，外层为炎性反应层。有的病例可见在肺以及气囊壁上形成灰绿色霉菌菌落（图2-132、图2-133）。

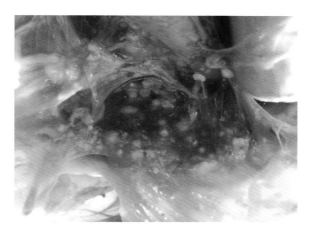

图2-131　肺脏表面和实质有灰黄色霉菌结节

图2-132 气囊上有灰绿色霉斑

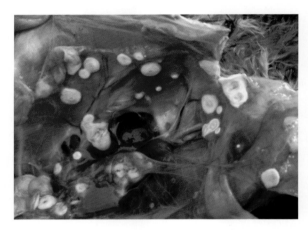

图2-133 胸膜上有霉菌性结节

5. 诊断

（1）初步诊断 根据流行特点、临床症状、病理变化可做出初步诊断。

（2）确诊 确诊需做实验室诊断。取病鸡肺或气囊上的霉菌结节，置载玻片上，加1滴生理盐水，用针划破病料，加盖玻片后用显微镜油镜检查，看结节中心有无曲霉菌的有隔菌丝（图2-134）；或将病料接种孟加拉红培养基，进行霉菌分离培养，观察菌落形态、颜色及结构，进行检查和鉴定。

6. 防治措施

（1）加强饲养管理，防止饲料和垫料发霉 使用清洁、干燥的垫料和无霉菌污染的饲料，避免禽类接触发霉堆放物。提升养殖模式，推广鸡的笼养，控制鸡舍湿度，改善鸡舍通风，及时排除空气中霉菌孢子。为了防止种蛋被污染，应及时收

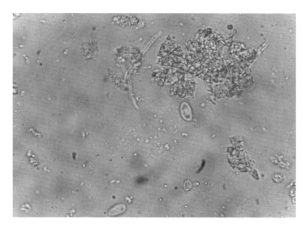

图2-134　霉菌结节压片

蛋，保持蛋库、蛋箱、孵化器及孵化厅干净卫生，缩短种蛋保存期。

（2）药物治疗

① 制霉菌素　5000IU/只（饮水），2次/d，连用3～4天；亦可拌料饲喂。

② 硫酸铜　按1∶3000倍稀释，进行全群饮水，连用3～4天。

③ 克霉唑　幼雏按0.01g/只混入饲料内饲喂5～7天。

二、禽念珠菌病

禽念珠菌病是由白色念珠菌引起的传染病，特征是口腔、食道、嗉囊黏膜发生白色的假膜和溃疡。

1. 病原

本病病原为白色念珠菌，菌体卵圆形，很像酵母菌，革兰氏染色阳性，在病料中常见白色念珠菌假菌丝，不分枝。本菌在自然界广泛存在，在健康的畜禽及人的口腔、上呼吸道和肠道等处都有分布。菌丝发育是白色念珠菌最重要的致病性特征，抑制菌丝发育可导致该病原菌致病力下降。本菌对外界环境及消毒药物有很强的抵抗力。

该菌为兼性厌氧菌，在沙堡弱氏培养基上经37℃培养1～2天，形成2～3mm大小、奶油色、凸起的圆形菌落。菌落表面湿润，边缘整齐，光滑闪光，不透明。

2. 流行病学

本病可发生于多种禽类，如鸡、火鸡、鸽、鸭、鹅等均可感染，且以幼龄禽多发，成年禽亦有发生。多发生在夏秋炎热多雨季节。南方地区比北方多发。

病鸡和带菌鸡是主要传染源，病鸡的分泌物、排泄物污染饲料、饮水经消化道传播。营养缺乏、长期应用广谱抗生素或皮质类固醇药物、饲养密度过大、饲料霉变、鸡群存在免疫抑制性疾病等都可以促使本病的发生。

3. 临床症状

病鸡表现精神沉郁，不愿运动，食欲减退或不食，羽毛粗乱；消化功能障碍，嗉囊扩张下垂、松软，挤压时表现痛感，并有酸臭气体或液体自口中排出。体重减轻，饲料转化率低。有的病鸡下痢，粪便呈灰白色。一般1周左右逐渐瘦弱死亡。

4. 病理变化

喙缘结痂，口腔、咽、食道、嗉囊黏膜表面，初期有乳白色或黄色斑点，后来融合成斑块状或团块状的灰白色假膜（图2-135～图2-137），用力撕脱后可见红色的溃疡出血面。有细菌继发感染时，炎症加剧。

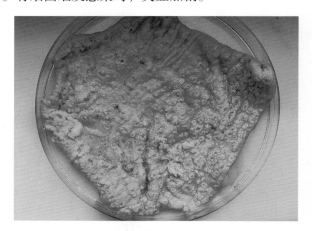

图2-135　食道斑块状或团块状的灰白色假膜

图2-136　食道有团块状的灰白色假膜

图2-137　嗉囊黏膜表面有灰白色假膜

5．诊断

（1）初步诊断　根据流行病学、临床症状与病理变化可做出初步诊断。

（2）确诊　确诊可做实验室诊断。可刮取口腔、食道黏膜渗出物做涂片，用显微镜检查菌体；同时将采集的分泌物接种于孟加拉红培养基，37℃培养1～24天，分离白色念珠菌。

6．防治措施

（1）加强饲养管理　防止饲料和垫料发霉。减少应激，鸡舍内应干燥通风，防止拥挤、潮湿；种蛋表面可能带菌，在孵化前要严格消毒并做消毒效果检测。

（2）药物治疗

①制霉菌素　5000IU/只饮水，2次/天，连用3天；或拌料饲喂。

②硫酸铜　按1∶3000倍稀释，进行全群饮水，连用3天。

③淘汰重症病鸡　更换霉变的饲料。清除霉变的垫料。可适当使用抗生素减少继发感染。

第三章
鸡寄生虫病防治

第一节　鸡原虫病防治

鸡原虫病是由寄生性原生动物寄生于鸡体内引起的一类寄生虫病。原虫是单细胞动物，主要寄生于鸡的体液、组织和细胞内，个体很小，在显微镜下才能看到。对鸡危害严重的原虫病有鸡球虫病、禽组织滴虫病和禽住白细胞虫病等。原虫病的防治主要依赖于使用化学药物。

一、鸡球虫病

鸡球虫病是由艾美耳属的多种球虫寄生于鸡肠黏膜上皮细胞引起的一种原虫病。该病发生普遍，分布广泛，是严重危害养鸡业的一种重要疾病。

1. 病原

寄生于鸡的球虫属于原生动物门、孢子虫纲、球虫目、艾美耳科、艾美耳属。世界各国记载的鸡球虫共有13种，目前世界公认的有效种主要为柔嫩艾美耳球虫、毒害艾美耳球虫、堆型艾美耳球虫、巨型艾美耳球虫、布氏艾美耳球虫、和缓艾美耳球虫和早熟艾美耳球虫7种。其中致病力量最强、危害最大是柔嫩艾美耳球虫，其次为毒害艾美耳球虫，它们分别寄生于盲肠和小肠中段，人们通常称之为盲肠球虫、小肠球虫。其他球虫致病性较小，均寄生于小肠。

2. 生活史

鸡球虫的发育属直接发育型，不需要中间宿主，经过孢子生殖、裂殖生殖和配子生殖三个阶段，完成一个循环。

孢子生殖阶段是在体外完成的，球虫卵囊随粪便排出体外后，在外界温暖

（20～30℃）、潮湿的环境中，卵囊发育形成孢子化卵囊，孢子化卵囊中含有四个孢子囊，每个孢子囊中含有2个子孢子，这种卵囊具有致病性，也称为感染性卵囊。

球虫的孢子化卵囊对外界环境极强的抵抗力，在土壤中可保持活力达4～9个月，在有树荫的地方可达15～18个月；常用消毒剂不易破坏。而球虫未孢子化卵囊对高温、干燥环境抵抗力较弱，40℃环境中停止发育，干燥室温环境下放置1天，即可更丧失孢子化能力，从而失去传染性。

裂殖生殖是在体内进行的。鸡通过饲料和饮水摄食孢子化卵囊后，在肌胃的机械性摩擦和酶的消化作用下，卵囊中的子孢子游离出来，钻入肠黏膜的上皮细胞中发育为裂殖体，一个裂殖体可分裂成大约900个第一代裂殖子，这时宿主细胞即遭破坏，裂殖子进入肠腔，再次侵入新的上皮细胞，进行第二代裂殖生殖。这样经过2～3代裂殖生殖后，才进入有性生殖阶段。

配子生殖是球虫的有性生殖阶段，也是在鸡体内进行，是指裂殖生殖2～3代后，裂殖子再次侵入肠黏膜上皮细胞时开始出现性分化，分别发育为大、小配子，大配子和小配子结合形成合子。合子的分泌物在周围形成一层厚的被膜，具有被膜的合子叫做卵囊，鸡球虫卵囊呈椭圆形、圆形或卵圆形（图3-1），随鸡的粪便排出体外。

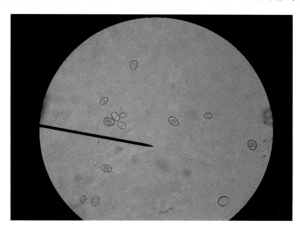

图3-1　鸡粪便中的球虫卵囊

柔嫩艾美耳球虫的裂殖生殖和配子生殖一般需要6天时间，完成整个生活周期需要6.5～7天时间。

3. 流行特点

各个品种和日龄的鸡对球虫病都有易感性，3月龄以内最为易感，且死亡率高，其中柔嫩艾美耳球虫常危害于21～50日龄的雏鸡，毒害艾美耳球虫则常发生于8～18周龄的鸡。成年鸡多因前期感染获得一定的免疫力，再次感染常不表现症状而成为带虫者和传染源。不同品种的鸡对球虫的易感性略有差异，通常认为本系越纯的鸡对球虫的易感性越强。

鸡球虫病主要是由于食入了被感染性卵囊污染的饲料和饮水而感染。凡被病鸡或带虫鸡的粪便污染过的饲料、饮水、土壤或用具等，都有卵囊存在；此外，各种禽类、昆虫、工具和工作人员等都可传播本病。

本病的发生与气温、湿度关系密切，在温暖多雨或地面潮湿时多发，对于散养鸡，在我国北方4~9月为流行季节，其中以7~8月严重。但在集约化鸡场本病一年四季均可发生。

当鸡舍潮湿、拥挤、卫生不良时，最易发病，且往往迅速波及全群。

4. 临床症状与病理变化

（1）盲肠球虫病　由柔嫩艾美耳球虫引起，对雏鸡危害最大，致病力强，多表现为急性型。病初表现精神委顿、食欲不振，特征症状是发生下痢，粪便带血，甚至排出鲜血（图3-2）。病鸡拥簇成堆，战栗，临死前体温下降，重症者常表现为严重的贫血，鸡冠和面部苍白（图3-3）。死亡率可达50%~80%甚至更高。

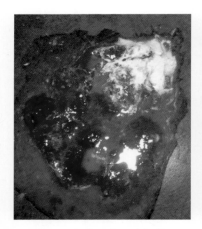
图3-2　病鸡下痢，粪便带血

图3-3　病鸡苍白贫血

柔嫩艾美耳球虫主要侵害盲肠，急性死亡者盲肠高度肿胀，为正常的3~5倍，出血严重，肠腔中充满凝血块和盲肠黏膜碎片，外表浆膜面可见大量出血斑点（图3-4、图3-5）；病程长的则逐渐变干硬并凝固形成栓子堵塞肠腔。

（2）急性小肠球虫病　由毒害艾美耳球虫引起，多见于育雏后期和青年鸡，病鸡共济失调，肢体麻痹，翅下垂（图3-6），下痢，但血便不常见，只是粪便的颜色发暗，有时呈污黑色，腥臭，常因并发细菌性或病毒性传染病而死亡，死亡率超过25%。

图3-4　盲肠内充满鲜血

图3-5　盲肠内充满凝血块

图3-6　病鸡肢体麻痹

　　毒害艾美耳球虫主要损害小肠，小肠中段高度肿胀，肠管显著充血、出血和坏死（图3-7）；肠壁增厚，肠内容物中含有多量血液、凝血块和脱落的黏膜（图3-8）。浆膜面可见小的灰白色斑点和红色出血点相间。

图3-7 小肠肿胀、有出血坏死

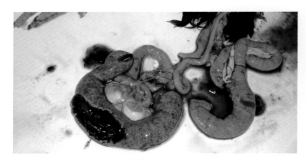

图3-8 小肠内充满凝血块

（3）堆型艾美耳球虫感染 表现为慢性球虫病，症状较轻，病鸡下痢，排水样稀粪，并混有未消化的饲料，渐进性消瘦，病程长，可拖至数周或数月。堆型艾美耳球虫主要侵害十二指肠，病初肠黏膜变薄，表面有横纹状白斑（图3-9），外观呈梯形，肠壁苍白，含水样液体（图3-10）。

图3-9 肠壁有横纹状白斑

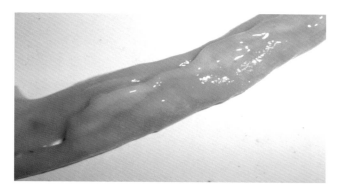

图3-10　肠壁苍白

（4）巨型艾美耳球虫感染　致病力较弱，表现为慢性球虫病，主要引起雏鸡的生产性能下降，增重和饲料转化率降低。剖检可见小肠中段肠腔胀气、肠壁增厚，肠道内有黄色到橙色的黏液或血样物（图3-11、图3-12）。

图3-11　肠内有橙色内容物

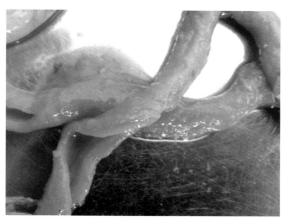

图3-12　肠壁增厚，有橙色内容物

5. 诊断

（1）临床诊断　根据流行病学特征、临床症状、剖检变化可做出临床初步诊断。

（2）实验室诊断　用饱和盐水法或直接涂片法检查粪便中的卵囊（图3-13），或刮取肠黏膜涂片检查其中的裂殖体、裂殖子或配子体。

6. 防治措施

（1）综合防控措施　成鸡与雏鸡分开饲喂，以免成年鸡带虫导致病原散播；加强鸡舍日常卫生管理，定期清理粪便；保持饲料、饮水清洁，笼具、料槽、水槽

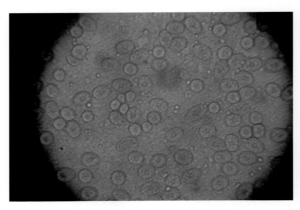

图3-13　球虫镜检

定期消毒。加强通风，保持鸡舍干燥，防止地面潮湿；或采取网上或棚架饲养，减少卵囊感染。

（2）药物预防　国内外对鸡球虫病的防治主要是依靠药物，常用的抗球虫药物有氨丙啉、二硝苯甲酰胺（球痢灵）、地克珠利、莫能菌素、盐霉素、马杜拉霉素、常山酮等。

由于本病的特殊性和药物预防的长期性，在用药时可采用轮换用药、穿梭用药、联合用药等以延缓或避免球虫耐药性的产生。

在蛋、肉品中往往残留微量抗虫药，长期食用，可影响人体健康。药物残留还影响禽类产品出口贸易，故国际有关组织对畜产品中抗球虫药及其代谢产物的含量做了限制性规定，并规定了各种抗球虫药物的休药期，使用上述药物时，应遵守休药期规定。特别是注意进口国对球虫药的具体要求，不能滥用，以免造成损失。

（3）疫苗免疫　大量研究及生产实践证明，疫苗免疫是控制球虫病的有效途径。常用的如球虫卵囊三价、四价活疫苗，可在3～7日龄给雏鸡饮水免疫，取得良好效果。

（4）发病后的治疗措施　由于患病鸡食欲下降，饮欲增加，故治疗时应选用水溶性抗球虫药物。对于急性暴发的种鸡，由于小肠球虫多继发肠道梭菌病而加重死亡，最有效的办法是全群注射青霉素，并配合内服杀球虫药物。常用药物有磺胺二甲基嘧啶（SM2）、磺胺喹噁啉（SQ）、磺胺氯吡嗪（三字球虫粉）、氨丙啉等。

二、住白细胞虫病

住白细胞虫病俗称"白冠病"，是由住白细胞原虫寄生于禽类血液和内脏器官组织细胞引起的一类疾病的总称。

本病在我国南方相当普遍，常呈地方性流行，对雏鸡和青年鸡危害严重，发病率高，能引起大批死亡。近年来北方地区也有暴发流行，对养鸡业的危害日趋严重。

1. 病原

住白细胞原虫在分类上属孢子虫纲、球虫目、疟原虫科、住白细胞虫属。鸡住白细胞虫有两种：卡氏住白细胞虫和沙氏住白细胞虫。其中卡氏住白细胞虫致病性强且危害较大，主要寄生于鸡的红细胞；沙氏住白细胞虫致病力较弱，主要寄生于宿主的白细胞内。

2. 生活史

住白细胞虫的生活史分为3个阶段：裂殖生殖，在宿主的组织细胞内；配子生殖，前期大小配子体形成在宿主的红细胞或白细胞中完成，后期大小配子结合在昆虫体内完成；孢子生殖，在昆虫体内。本虫的发育需要有昆虫媒介，卡氏住白细胞虫的传播媒介为库蠓，沙氏住白细胞虫的传播媒介为蚋。

裂殖生殖发生在鸡的内脏器官。当携带有住白细胞虫的吸血昆虫吸食鸡血时，随其唾液将住白细胞虫的子孢子注入鸡的体内，子孢子首先在鸡的血管内皮细胞中增殖，发育为多个裂殖体，宿主细胞被破坏后，裂殖体随血液循环到达肝、肾、心、脾、肺、胰、肠道、卵巢、输卵管等器官继续发育，成熟后释放出裂殖子，裂殖子可重新侵入肝细胞再进行裂殖生殖。

经数代裂殖生殖后，进入配子生殖阶段，裂殖子进入红细胞或白细胞内，发育为大小配子体，并裂解宿主血细胞，后随血液循环进入末梢血液。当吸血昆虫在鸡体吸血时，大、小配子体被吸入其胃内，然后在胃壁内发育为大、小配子，并结合为合子，继而形成卵囊。

孢子生殖发生在吸血昆虫体内，发育成熟后的卵囊内含有大量具有感染性的子孢子，子孢子从卵囊逸出后聚集在吸血昆虫的唾液腺中，吸血时可导致鸡感染。

3. 流行病学

各日龄的鸡对本病均易感，但发病严重程度不同，3～6周龄鸡发病最多，病情最严重；中鸡也会严重发病，但死亡率不高，大鸡一般不会严重发病。公鸡的发病率比母鸡高，而土鸡对本病的抵抗力较强。

该病是由吸血昆虫库蠓和蚋传播的，因此发病有明显的季节性。北方主要发生于7～9月，南方主要发生于4～10月。由于库蠓和蚋的幼虫生活在水中，所以近水源的地方、雨水大的年份本病的发病率高。

4. 临床症状

常为急性经过。病鸡体温升高，精神沉郁，食欲减少，两翅下垂，两腿轻瘫，口中流涎，呼吸困难，粪便呈绿色，贫血，鸡冠和肉垂苍白（图3-14、图3-15），故又称为"白冠病"。严重病因咯血呼吸困难而死亡，此为特征性症状。中鸡和成年鸡感染后病情较轻，死亡率也低，病鸡冠苍白，消瘦，排白色或绿色水样稀粪，成年鸡产蛋率下降，甚至停产。

图3-14 病鸡鸡冠和肉垂苍白

图3-15 病鸡鸡冠苍白

5. 病理变化

病鸡消瘦，肌肉苍白，血液稀薄。全身性出血，尤其是胸肌、腿肌有点状或斑块状出血明显（图3-16），皮下及各内脏器官如心、肺、肾、肝等亦有广泛性出血；肌肉及某些器官上有针尖大至粟粒大的灰白色裂殖体小结节（图3-17、图3-18）。

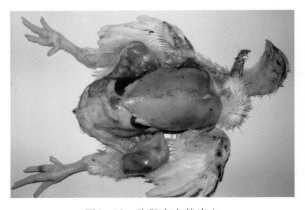

图3-16 胸肌有点状出血

图3-17 肝脏、心脏表面有出血和结节

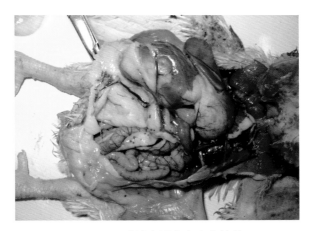

图3-18 胰脏表面有出血和结节

6. 诊断

（1）临床诊断 根据流行特点，症状和剖检变化，可做出初步诊断。

（2）实验室诊断 确诊需要做实验室诊断，可以鸡翅静脉或鸡冠采血，涂成薄片，或用病变的脏器制成触片，用姬姆萨染色，镜检发现虫体即可确诊。

7. 防治措施

（1）饲养管理 消灭螨、蚋是预防本病的重要措施。在本病流行季节，每隔6～7天用杀虫剂如溴氰菊酯等喷洒鸡舍及其周围环境，地面撒布石灰乳，并清除杂草和污水沟。

（2）药物防治 本病可使用磺胺喹噁啉（SQ）、磺胺二甲氧嘧啶（SDM）、磺胺-6-甲氧嘧啶（SMM）等磺胺类药物进行治疗。

三、禽组织滴虫病

禽组织滴虫病是由火鸡组织滴虫寄生于鸡、火鸡等禽类盲肠和肝脏引起的一种急性原虫病。因该病主要侵害盲肠和肝脏，故又称"盲肠肝炎"；又因发病后期出现血液循环障碍，头部暗紫，而称为"黑头病"。

1. 病原

本病的病原为火鸡组织滴虫，为多形性虫体，大小不一，随着寄生部位和发育阶段不同而形态变化较大，生长在盲肠腔中的肠型虫体，呈圆形、椭圆形或呈变形虫样，有一条粗壮的鞭毛，新鲜虫体可呈节律性的钟摆运动。生长于肝脏组织细胞中的虫体称为组织型虫体，呈现圆形或变形虫样，无鞭毛，具有伪足。

2. 生活史

组织滴虫生活史较复杂，因其本身对外界环境的抵抗力不强，不能长期存活，该病的长期存在多与寄生于鸡体内的异刺线虫及普遍存在于鸡场土壤中的蚯蚓密切相关。

寄生于盲肠内的组织滴虫钻入异刺线虫体内，进入其卵巢中以二分裂法繁殖，并进入其虫卵内。当异刺线虫虫卵随鸡粪排到外界后，组织滴虫因有虫卵卵壳的保护，故能在外界环境中生活很长时间，蚯蚓吞食土壤的鸡异刺线虫虫卵后，组织滴虫随同虫卵进入蚯蚓体内，鸡食入这样的蚯蚓，既感染了异刺线虫，同时也感染了组织滴虫。因此，蚯蚓在本病中起到收集和集中异刺线虫虫卵的作用。

异刺线虫虫卵进入鸡盲肠后迅速孵化为幼虫，此时组织滴虫从幼虫中逸出侵入盲肠黏膜，引起盲肠黏膜发炎、出血和坏死；在肠壁寄生的组织滴虫也可进入毛细血管，随血液循环进入肝脏，引起肝组织坏死和炎症。

3. 流行特点

火鸡是组织滴虫的主要宿主；以3～12周龄的火鸡易感性最高；4～6周龄的鸡也易感。成年鸡多为带虫者，而污染严重时出现急性发病过程。

该病通过消化道而感染。当爆发流行时，健康家禽采食被病禽粪便污染的饲料、饮用水或接触被病禽粪便污染的用具及土壤而感染。

该病一年四季均可发生，但以春末至秋初温暖、潮湿的季节多发。饲养管理和卫生条件差易促进该病的发生。

4. 临床症状

本病潜伏期为7～12天，最短为5天，常为感染后第11天出现症状。病鸡精神不振，食欲减退甚至废绝，两翅下垂，步态蹒跚，畏寒、下痢，粪便恶臭呈淡黄色或淡绿色，严重者粪中带血，甚至完全是血便。病后期，鸡冠髯发绀。病愈康复鸡的体内仍有组织滴虫，可带虫数周至数月。

5. 病理变化

本病的特征性病变发生在盲肠和肝脏。盲肠肿大变粗，肠壁增厚变硬，形似香肠，肠腔内充满干燥坚硬的干酪样栓子，栓子的横切面呈同心圆状，中心是黑红色的凝固血块，外围包被灰白色或黄色的渗出物和坏死物质。肝脏肿大，呈紫褐色，表面散在或密布中央凹陷边缘隆起的黄白色、圆形坏死灶。坏死灶大小不一，有的可融合成片（图3-19～图3-22）。

图3-19 盲肠肿胀，肝脏坏死（一）

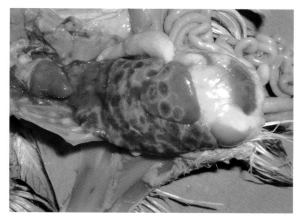

图3-20 肝脏黄白色坏死

6. 诊断

（1）临床诊断　根据组织滴虫病的特异性肉眼病变和临诊症状便可诊断。

（2）实验室诊断　确诊需要做实验室诊断，可用约40℃的生理盐水稀释盲肠黏膜刮下物，做成悬液标本，镜下可见呈钟摆式运动的虫体。或取肝组织切片，经姬

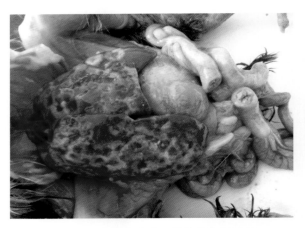

图3-21　肝脏有中央凹陷的黄色坏死灶

图3-22　盲肠肿胀，肝脏坏死（二）

姆萨染色镜检，可见组织型虫体。

7. **防治措施**

（1）加强饲养管理　雏鸡应饲养在清洁而干燥的鸡舍内，且尽量采用网上饲养或笼养，让鸡不接触地面。火鸡与鸡不能同场饲养，成鸡与雏鸡分开饲养。定期驱除鸡异刺线虫是防治本病的根本措施。

（2）药物防治　发现病鸡应立即隔离治疗，重病鸡淘汰，鸡舍地面用3%火碱溶液消毒。当前没有药物允许用于治疗组织滴虫病。历史上，硝基咪唑类用于预防和治疗本病，这些药物中的一些可用于非食品类兽医处方。

第二节 鸡蠕虫病防治

蠕虫不是一个分类学上的名词，而是为了方便，把吸虫、绦虫、线虫和棘头虫合称为蠕虫。蠕虫都是缺体腔或有假体腔的多细胞动物，虫体两侧对称，呈叶状、带状或线状等，身体柔软，可以蠕动。多寄生于宿主的消化道、肝、肺等器官组织内。

蠕虫病常呈慢性发展过程，感染率高而临床发病率较低，但它们可导致家禽生长发育障碍，饲料利用率和生产性能降低，及人力、物力的浪费等，因此有时也会造成较大的经济损失。

一、鸡蛔虫病

鸡蛔虫病是由禽蛔科、禽蛔属的鸡蛔虫寄生于鸡小肠内引起的一种常见消化道寄生虫病。本病遍及全国各地，常影响雏鸡的生长发育，甚至造成大批死亡，严重影响养鸡业的发展。

1. 病原

鸡蛔虫是寄生在鸡体内最大的一种线虫，呈淡黄白色，圆筒状，体表角质层具有横纹，头端有三个唇片。雄虫长26～70mm，宽1～1.5mm，尾端向腹面弯曲；雌虫长65～110mm，宽1.2～1.5mm，尾端钝直。虫卵大小（7～90）μm×（47～51）μm，深灰色，椭圆形，卵壳厚，表面光滑或不光滑，新排出虫卵内含一个椭圆形胚细胞。

虫卵对外界环境因素和常用消毒药物的抵抗力很强，在严寒冬季，经3个月的冻结仍能存活，但在干燥、高温和粪便堆沤等情况下很快死亡。

2. 生活史

鸡蛔虫雌、雄成虫在鸡小肠内交配后，雌虫在鸡的小肠内产卵，卵随鸡粪排到体外。虫卵在适宜的温度和湿度等条件下，经约1～2周发育为含感染性幼虫的虫卵，即感染性虫卵，在土壤内6个月仍具感染能力。鸡因吞食了被感染性虫卵污染的饲料或饮水或携带有感染性虫卵的蚯蚓而感染，幼虫在鸡腺胃和肌胃内脱掉卵壳，钻入肠黏膜内，经一段时间发育后返回肠腔发育为成虫。从鸡吃入感染性虫卵到在鸡小肠内发育为成虫，需35～50天。除小肠外，在鸡的腺胃和肌胃内有时也有大量虫体寄生。

3. 流行特点

鸡蛔虫可感染各日龄的鸡，其中3～4月龄以内的雏鸡最易感染和发病，一年以上的鸡多为带虫者。本病主要经口感染，多在春季和夏季流行传播，主要发生于散养或放养的鸡，易感性的高低和饲养条件有很大关系，管理粗放，卫生条件差，饲料单一，往往感染率高。

4. 临床症状

雏鸡常表现为生长发育不良，渐进性消瘦，食欲不振，下痢，有时粪中混有带血黏液，羽毛松乱，贫血，黏膜和鸡冠苍白，最终可因衰弱而死亡。严重感染者可造成肠堵塞导致死亡。成年鸡一般不表现症状，但严重感染时表现下痢、产蛋下降和贫血等。

5. 病理变化

剖检可见小肠黏膜发炎、出血，肠壁上有颗粒状化脓灶或结节。严重感染时可见大量虫体聚集、缠结，引起肠阻塞，甚至肠破裂（图3-23、图3-24）。

图3-23 鸡肠壁有颗粒状结节

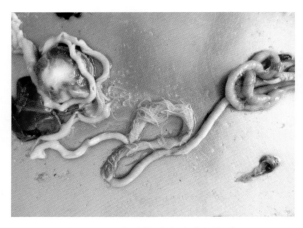

图3-24 病鸡肠腔中有大量蛔虫

6. 诊断

饱和盐水漂浮法检查粪便发现大量虫卵，或尸体剖检在小肠或腺胃和肌胃内发现有大量虫体可确诊。

7. 防治措施

（1）预防　搞好环境卫生；及时清除粪便，堆积发酵，杀灭虫卵；做好鸡群的定期预防性驱虫，每年2～3次；发现病鸡，及时用药治疗。

（2）治疗　驱虫可用下列药物。

① 丙硫咪唑　按每千克体重20～25mg口服，一次口服。

② 左旋咪唑　按每千克体重10～15mg口服，一次口服。

③ 伊维菌素　按每千克体重0.05mL口服，一次口服。

二、异刺线虫病

异刺线虫病又称盲肠线虫病，是由异刺科、异刺属的异刺线虫寄生于鸡、火鸡、鸭、鹅等禽、鸟类的盲肠内引起的一种线虫病。本病在鸡群中普遍存在、分布于世界各地。

1. 病原

异刺线虫虫体细小，呈白色细线状，头端略向背面弯曲，体表有横纹和侧翼。食道末端有一膨大的食道球。雄虫长7～13mm，尾直，末端尖细；雌虫长10～15mm，尾细长而尖。虫卵呈灰褐色，椭圆形，大小为（65～80）μm×（35～46）μm，卵壳厚，内含一个胚细胞，卵的一端较明亮，可区别于鸡蛔虫卵。

虫卵对外界抵抗力较强，在阴暗潮湿处可保持活力达10个月；0℃可存活67～172天，温度升高进可继续发育；阳光直射下易死亡。

2. 生活史

成熟异刺线虫雌虫在鸡盲肠内产卵，卵随粪便排于外界，在适宜的温度和湿度条件下，约经2周发育成含幼虫的感染性虫卵，家禽吞食了被感染性虫卵污染的饲料和饮水或带有感染性虫卵的蚯蚓而感染，幼虫在小肠内脱掉卵壳并移行到盲肠而发育为成虫。从感染性虫卵被吃入到在盲肠内发育为成虫需24～30天。成虫寿命10～12个月。

3. 流行特点

鸡、火鸡、鹌鹑、鸭、鹅、孔雀和雉鸡等禽类均可感染本病。蚯蚓可充当保虫宿主，蚯蚓吞食感染性虫卵后，幼虫在蚯蚓体内可保持对鸡的感染力，此外，鼠妇类昆虫吞食异刺线虫卵后，能起到机械性传播作用。

异刺线虫还是鸡盲肠肝炎（火鸡组织滴虫病）病原体的传播者，当一只鸡体内同时有异刺线虫和火鸡组织滴虫寄生时，组织滴虫可进入异刺线虫卵内，并随虫卵排到体外，当鸡吞食了这种虫卵时，便可同时感染这两种寄生虫。

4. 临床症状

患禽消化机能障碍，食欲不振或废绝，下痢，贫血，雏禽发育停滞，消瘦甚至死亡。成禽产蛋下降甚至停止。

5. 病理变化

尸体消瘦，盲肠肿大，肠壁发炎和增厚，有时出现溃疡灶。盲肠内可查见虫体，尤以盲肠尖部虫体最多（图3-25）。

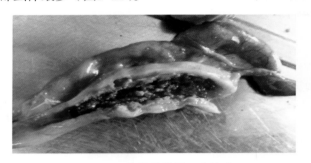

图3-25　盲肠壁增厚，有溃疡

6. 诊断

用饱和盐水漂浮法检查粪便，发现虫卵，或剖检在盲肠内查到虫体均可确诊，但应注意与蛔虫卵相区别。

7. 防治措施

（1）加强饲养管理　防止鸡摄入蚯蚓和鼠妇等储藏宿主，运动场采用沙土，保持干燥。

（2）药物防治　参考鸡蛔虫病。

三、绦虫病

绦虫病是由绦虫寄生于禽类引起的一类寄生虫病。寄生于家禽肠道中的绦虫，种类多达40余种，其中最常见的是戴文科赖利属和戴文属及膜壳科剑带属的多种绦虫，它们均寄生于禽类的小肠，主要是十二指肠。大量虫体感染时，常引起贫血、消瘦、下痢、产蛋减少甚至停止。

1. 病原

绦虫属于扁形动物门、绦虫纲，虫体扁平呈带状，体长0.5～12mm甚至更长一些。虫体由头节、颈节和体节三部分组成。头节可吸附于宿主的肠黏膜上，颈节可生长出新的体节，末端的体节内充满虫卵，称为孕节。绦虫无体腔，也无消化器官，靠体表吸收营养。所有绦虫均为雌雄同体。

2. 生活史

绦虫的生活史需要一个或两个中间成虫寄生于家禽的小肠内，成熟的孕卵节片自动脱落，随粪便排到外界，被适宜的中间宿主吞食后，在其体内经2～3周时间发育为具感染能力的似囊尾蚴，禽吃了这种带有似囊尾蚴的中间宿主而受感染，在禽小肠内经2～3周时间即发育为成虫。成熟孕节经常不断地自动脱落并随粪便排到外界。

3. 流行病学

家禽的绦虫病分布十分广泛，危害面广且大。感染多发生在中间宿主活跃的4～9月份。各种年龄的家禽均可感染，但以雏禽的易感性更强，25～40日龄的雏禽发病率和死亡率最高，成年禽多为带虫者。饲养管理条件差、营养不良的禽群，本病易发生和流行。

4. 临床症状

患鸡消化不良、下痢、粪便稀薄或混有血样黏液，渴欲增加，精神沉郁，双翅下垂，羽毛逆立，消瘦，生长缓慢。严重者出现贫血，黏膜和冠髯苍白，产蛋鸡产蛋减少甚至停止，最后衰竭死亡。

5. 病理变化

病鸡消瘦贫血，小肠内黏液增多、恶臭，黏膜增厚，有出血点，严重感染时，虫体可阻塞肠道（图3-26、图3-27）。棘盘赖利绦虫感染时，肠壁上可见中央凹陷的结节，结节内含黄褐色干酪样物。

图3-26 病鸡消瘦贫血，肠腔内有绦虫

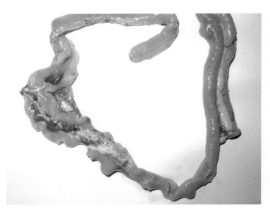

图3-27　鸡绦虫

6. 诊断

在粪便中可找到白色米粒样的孕卵节片，在夏季气温高时，可见节片向粪便周围蠕动。取此类孕节镜检，可发现大量虫卵。对部分重病鸡可做剖检诊断。

7. 防治措施

（1）预防　改善环境卫生，加强粪便管理，随时注意感染情况，及时进行药物驱虫。

（2）治疗　驱虫可用下列药物：丙硫苯咪唑、硫双二氯酚、氯硝柳胺（灭绦灵）等。

第三节　鸡外寄生虫病防治

引起鸡外寄生虫病的病原体属于节肢动物门，是两侧对称的无脊椎动物，有分节附肢。体外壁有几丁质硬化形成的硬的外壳（外骨骼）。大多数节肢动物在发育过程中都有蜕皮及变态现象。

节肢动物对家禽的危害包括直接危害和间接危害。直接危害即节肢动物本身对家禽造成的危害，它们寄生于家禽体表时，可引起特异性疾病，如膝螨病等。节肢动物不断地反复侵扰家禽或在家禽体内寄生，妨碍家禽安宁，影响采食和休息，破坏羽毛，吸食血液或组织液，还能分泌有毒素的唾液，引起被叮咬部位红肿痒痛，皮肤损伤，易导致继发感染，因此，节肢动物的侵扰或寄生，不仅会使家禽营养不良，消瘦，贫血，生长发育缓慢，产蛋下降，甚至可发生大批死亡。间接危害即节肢动物作为某些疾病的传播者或媒介，可传播某些细菌、病毒、立克次氏体、原虫或蠕虫幼虫等，如软蜱可传播鸡螺旋体病。蠓和蚋可传播鸡住白细胞原虫病等。

一、禽羽虱

禽羽虱属于节肢动物门，昆虫纲，食毛目，是鸡、鸭、鹅的常见外寄生虫。它们寄生于禽的体表或附于羽毛、绒毛上，严重影响禽群健康和生产性能，常造成很大的经济损失。

1. 病原

虱个体较小，一般体长1～5mm，呈淡黄色或淡灰色，由头、胸、腹三部分组成，咀嚼式口器，头部一般比胸部宽，上有一对触角，由3～5节组成。有3对足，无翅。虱的种类很多，常见的寄生于鸡的有鸡大体虱、鸡头虱、鸡羽干虱等。

2. 生活史

虱的一生均在禽体上度过，属永久性寄生虫，其发育为不完全变态，所产虫卵常簇结成块，黏附于羽毛上，经5～8天孵化为稚虫，外形与成虫相似，在2～3周内经3～5次蜕皮变为成虫。虱的寿命只有几个月，一旦离开宿主，它们只能存活数天。

3. 临床症状

禽虱以家禽的羽毛和皮屑为食，有时也吞食皮肤损伤部位的血液。寄生量多时，禽体奇痒，因啄痒造成羽毛断折、脱落，影响休息，病禽瘦弱，生长发育受阻，产蛋下降，皮肤上有损伤，有时皮下可见有出血块。

4. 诊断

在鸡皮肤和羽毛上查见虱或虱卵确诊。

5. 防治措施

主要是用药物杀灭鸡体上的虱，同时对鸡舍、笼具及饲槽、饮水槽等用具和环境进行彻底杀虫和消毒。杀灭鸡体上的虱，可根据季节、药物制剂及鸡群受侵袭程度等不同情况，采用不同的用药方法。

（1）烟雾法　20%杀灭菊酯（敌虫菊酯，速灭杀丁，氰戊菊酯，戊酸氰醚酯）乳油，按每立方米空间0.02mL，用带有烟雾发生装置的喷雾机喷雾。烟雾后鸡舍需密闭2～3h。

（2）喷雾或药浴法　20%杀灭菊酯乳油按3000～4000倍用水稀释，或2.5%敌杀死乳油（溴氰菊酯）按400～500倍用水稀释，或10%二氯苯醚菊酯乳油按4000～5000倍用水稀释，直接向禽体上喷洒或药浴，均有良好效果。一般间隔

7～10天再用药一次，效果更好。

（3）沙浴法 沙中加入10%硫黄粉或0.05%蝇毒磷，充分混匀后，铺成10～20cm的厚度，让鸡自行沙浴。

（4）阿维菌素 按每千克体重0.2mg，混饲或皮下注射，均有良效。

二、鸡皮刺螨

鸡皮刺螨属节肢动物门，蛛形纲，蜱螨目，刺皮螨科，是一种常见的外寄生虫，寄生于鸡、鸽等宿主体表，刺吸血液为食，也可侵袭人吸血，危害颇大。

1. 病原

虫体呈淡红色或棕灰色，长椭圆形，后部稍宽，体表布满短绒毛。体长0.6～0.75mm，吸饱血后体长可达1.5mm。刺吸式口器，一对螯肢呈细长针状，以此穿刺皮肤吸血。腹面有四对足，均较长。

2. 生活史

属不完全变态。虫体白天隐匿在鸡巢内、墙壁缝隙或灰尘等隐蔽处，主要在夜间侵袭鸡体吸血。雌虫吸饱血后离开宿主到隐蔽处产卵，虫卵经2～3天孵化出3对足的幼虫，幼虫不吸血，经2～3天蜕化为第一期若虫；第一期若虫吸血后，经3～4天蜕化为第二期若虫，第二期若虫再经半天至4天蜕化为成虫。

3. 临床症状

轻度感染时无明显症状，侵袭严重时，患鸡不安，日渐消瘦，贫血，生长缓慢，产蛋减少，并可使小鸡成批死亡。鸡受侵袭时，虫体在皮肤上爬动和穿刺皮肤吸血引起轻微痒痛，继而受侵部位皮肤剧痒，出现针尖大到指头肚大的红色丘疹，丘疹中央有一小孔（图3-28）。

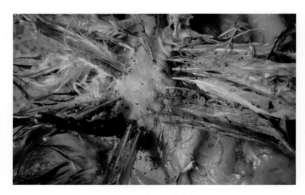

图3-28 鸡皮刺螨

4. 诊断

在宿主体表或窝巢等处发现虫体即可确诊，但虫体较小且爬动很快，若不注意则不易发现。

5. 防治措施

主要是用药物杀灭禽体和环境中的虫体，用药方法同"禽羽虱"。人受侵袭时，应彻底更换衣物和被褥等，并用杀虫药液浸泡1～3h后洗净；房舍地面和墙壁、床板等用杀虫药液喷洒。

第四章

鸡普通病防治

第一节 　维生素及矿物质缺乏症

一、维生素A缺乏症

维生素A缺乏症是由于动物缺乏维生素A所引起的以动物皮肤和黏膜等上皮组织角质化、夜盲症、干眼病和生长停滞为特征的营养缺乏病。

1. 病因

① 日粮中维生素A或其前体胡萝卜素添加不足。

② 饲料加工工艺不当，导致维生素A被破坏或损耗。

③ 消化系统疾病导致维生素A吸收、转化障碍。

④ 维生素A氧化分解。

⑤ 应激因素促进维生素A缺乏症的发生。

2. 临床症状

病鸡表现食欲不振，生长停滞，消瘦，嗜睡，运动失调。流泪，眼睑内可见干酪样物积聚（图4-1）。角膜浑浊不透明，严重的角膜软化或穿孔，眼球凹陷、失明（图4-2）。病鸡喙和小腿部皮肤的黄色褪色。

成年鸡发病呈慢性经过，主要表现为逐渐消瘦，体质变弱且羽毛蓬乱。产蛋鸡产蛋率下降。成年公鸡表现精子数量减少，活力降低。

3. 病理变化

病鸡口腔、咽部及食管黏膜上皮角质化，黏膜表面出现许多白色小脓疱，并会波及嗉囊（图4-3）。病程长者可引起肾小管的破坏，在严重病例中会使血液中尿酸含量升高而导致内脏型痛风。

图4-1　病鸡眼睑内有干酪样物

图4-2　病鸡眼球凹陷、失明

图4-3　嗉囊黏膜有白色小脓疱

4. 诊断

一般根据以下几点即可初步诊断。

① 急性或严重维生素A缺乏可出现眼睑有乳白色干酪样物，眼球凹陷、失明。

② 口腔、咽部及食道黏膜上有灰白色小脓疱。

③ 雏鸡肾肿胀，输尿管有尿酸盐沉积。

5. 防治

① 根据家禽不同生理阶段的营养要求特点，饲料中加入适量的维生素A。

② 注意饲料的保管，防止酸败、发热、发酵、发霉和氧化。

③ 对患维生素A缺乏症的动物，应先查明病因，治疗原发病，其次要调整日粮配方，增加富含维生素A和胡萝卜素的饲料。

④ 治疗时先消除病因，急性病例必须立即对病鸡用维生素A治疗，剂量为日维持需要量的10～20倍。

二、维生素B_1缺乏症

维生素B_1又称为硫胺素，其缺乏会导致碳水化合物代谢障碍和神经系统病变，是以多发性神经炎为典型症状的营养缺乏性疾病。

1. 病因

① 饲料中硫胺素含量不足。

② 饲料加工不当，发霉或贮存时间太长等造成维生素B_1分解。

③ 饲料中含有对维生素B_1有拮抗作用的物质。

2. 临床症状

雏鸡多在两周内突然发病，成年鸡一般发生于维生素B_1缺乏3周后，病鸡表现羽毛蓬乱，食欲废绝，体重减轻，体弱无力。其特征为外周神经发生麻痹，或初为多发性神经炎，进而出现麻痹或痉挛的症状。病鸡瘫痪，角弓反张，头向背后极度弯曲，呈"观星"姿势。有的鸡呈进行性瘫痪，不能行动，倒地不起，抽搐死亡。

3. 病理变化

睾丸和卵巢明显萎缩，心脏轻度萎缩，胃肠道有炎症。小鸡皮肤水肿，肾上腺肥大，母鸡比公鸡更明显。

4. 诊断

从特征性"观星"姿势、胃肠道炎症和心脏萎缩等即可初步诊断。

5. 防治

① 注意日粮中谷物类饲料的搭配，并适当添加维生素B_1。

② 防止饲料发霉，或因加热和遇碱性物质而使维生素B_1遭受破坏。

③ 小群饲养时可个别强饲或注射硫胺素，每只内服为2.5mg/kg体重，肌注量为0.1～0.2mg/kg体重。

三、维生素B_2缺乏症

维生素B_2又称为核黄素，是动物体内十多种酶的辅基，与动物生长和组织修复有密切关系，家禽因体内合成核黄素很少，必须由饲料供应。维生素B_2缺乏症的典型症状为蜷爪麻痹症。

1. 病因

（1）饲料补充核黄素不足　禾谷类饲料中维生素B_2特别贫乏，并且易被碱、紫外线及重金属破坏。

（2）药物的拮抗作用　如氯丙嗪等能影响维生素B_2的利用。

（3）需要量增加　动物饲喂高脂肪低蛋白饲料及低温等情况下，对维生素B_2的需要量增加。

2. 临床症状

雏鸡最为明显的症状是蜷爪麻痹症状，趾爪向内蜷缩呈"握拳状"（图4-4、图4-5）。两肢瘫痪，以飞节着地，翅展开以维持身体平衡，病后期不能走动；眼睛发生角膜炎和结膜炎。成年鸡症状不明显，主要表现产蛋减少，孵化率低，胚胎在孵化后12～14天有大量死亡，死亡胚胎皮肤表面有结节状绒毛。

图4-4　病鸡趾爪向内蜷缩

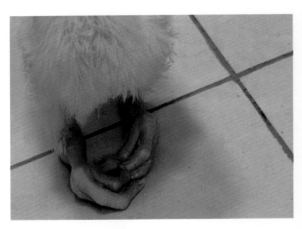

图4-5 趾爪蜷缩

3. 病理变化

胃肠道黏膜萎缩，肠道内有大量泡沫状内容物，重症鸡坐骨、肱骨神经鞘显著肥大，其中坐骨神经变粗为维生素B$_2$缺乏症典型表现。

4. 诊断

从特征性的蜷爪症状、坐骨神经肿大增粗可做出初步诊断。

5. 防治

① 饲料中添加酵母、肝粉、鱼粉、青绿饲料等富含维生素B$_2$的原料。

② 雏鸡一开食就喂标准配合日粮，或在每千克饲料中添加核黄素2～3mg，可预防本病。

③ 一般缺乏症可不治自愈，对于出现坐骨神经炎的，可在日粮中加10～20mg/kg的核黄素，个体内服维生素B$_2$ 0.1～0.2mg/只，育成鸡5～6mg/只。出雏率降低的母鸡内服10mg/只，连用7天。

四、生物素缺乏症

生物素又称维生素H，广泛存在于蛋白质饲料和青绿饲料中，对糖、蛋白质、脂肪的代谢都有一定作用。生物素缺乏症以病鸡喙底、皮肤、趾爪发生炎症，骨发育受阻呈现短骨为特征。

1. 病因

① 谷物类饲料中生物素含量少，利用率低，如果谷物类在饲料中比例过高，就容易发生缺乏症。

② 抗生素和药物影响微生物合成生物素，长期使用会造成生物素缺乏。

③ 其它影响生物素需要量的因素，如饲料中脂肪含量等。

2．临床症状

雏禽生物素缺乏主要表现生长迟缓，皮肤干燥呈鳞片状，足底粗糙，龟裂出血，严重时足趾坏死。口角和眼边出现皮炎，附着痂样物质，眼睑被黏稠渗出物粘连。

种母鸡产蛋率下降，所产种蛋孵化率降低，胚胎和出雏鸡先天性胫骨短粗，共济失调。

3．病理变化

肝苍白肿大，小叶有微小出血点，肾肿大，颜色异常，心脏苍白，肌胃内有黑棕色液体。

4．诊断

① 雏鸡表现皮炎症状，足底粗糙，龟裂出血。

② 骨短粗症状。

5．防治

① 饲喂富含生物素的米糠、豆饼、鱼粉和酵母等。

② 谷物类饲料中生物素来源不足，应添加生物素添加剂。

③ 生物素易于氧化，在饲料加工过程中可添加抗氧化剂。

④ 减少长时间喂磺胺类药物及抗生素类药物。

⑤ 口服或肌内注射生物素，每羽0.01～0.05mg，同时在每千克饲料中添加0.5mg混饲，可收到良好效果。

五、叶酸缺乏症

叶酸缺乏症是由于动物体内缺乏叶酸而引起的以贫血、生长停滞、羽毛生长不良或色素缺乏为特征的营养缺乏性疾病。

1．病因

① 使用的商品饲料中叶酸添加量太低。

② 特殊生理阶段和应激状态下需要量增加。

③ 抗菌药物如磺胺类影响微生物合成叶酸。

④ 其它影响叶酸合成吸收的因素，如疾病等。

2．临床症状

贫血，血液稀薄，肌肉苍白。羽毛色素消失，无光泽，出现白羽。雏鸡生长缓慢，骨短粗。产蛋鸡产蛋率下降，所产种蛋孵化率降低，胚胎畸形，胫骨弯曲，下颌缺损，趾爪出血。

3. 防治

① 添加酵母、黄豆粉、亚麻仁饼等富含叶酸的物质。

② 正常饲料中应补充叶酸，家禽对叶酸的需要量为雏鸡0.55mg/kg，成鸡0.25mg/kg，种鸡0.35mg/kg。

③ 用5mg/kg剂量拌饲或肌内注射雏鸡50～100 μg/只，育成鸡100～200 μg/只。配合维生素B_{12}、维生素C使用效果更好。

六、维生素B_{12}缺乏症

维生素B_{12}又称钴胺素，可参与核酸和蛋白质的生物合成、促进红细胞的发育和成熟、促进胚胎的正常发育、防止肌胃糜烂等。维生素B_{12}缺乏症是由于家禽维生素B_{12}或钴缺乏引起的以恶性贫血为主要特征的营养缺乏性疾病。

1. 病因

① 饲料中长期缺钴。

② 长期使用磺胺类抗生素等抗菌药，影响肠道微生物合成维生素B_{12}。

③ 肉鸡和雏鸡需要量较高，必须加大添加量。

④ 笼养和网养鸡不能从环境获得维生素B_{12}。

2. 临床症状

雏鸡贫血，食欲不振，发育迟缓，羽毛生长不良，稀少无光泽，有软脚症，死亡率增加。成年鸡产蛋下降，蛋重减轻，种蛋孵化率低，鸡胚多于孵化后期死亡。

3. 病理变化

肌胃糜烂，肾上腺肿大，鸡胚腿肌萎缩，有出血点，骨短粗。

4. 诊断

仅从本病的症状较难做出诊断，可通饲养实验、病史调查、测定饲料维生素B_{12}含量进行确诊。

5. 防治

补充鱼粉、肉粉、肝粉和酵母等富含钴的原料，或正常饲料中添加氯化钴制剂。鸡舍的垫草也含有较多量的维生素B_{12}；种鸡饲料中每千克加入4 μg维生素B_{12}可使种蛋孵化率提高。

患鸡肌内注射维生素B_{12} 2～4μg/只，或按4μg/kg饲料的治疗剂量添加。

七、硒/维生素E缺乏症

维生素E和硒是动物体内不可缺少的抗氧化物，两者协同作用，共同抗击氧化物对组织的损伤。所以，一般所说的维生素E缺乏症，实际上是维生素E-硒缺乏症。本病主要见于20～50日龄仔鸡。

1. 病因

① 饲料中缺乏维生素E或饲料保存、加工不当，导致维生素E被破坏。

② 球虫病及其他慢性胃肠道疾病，可使维生素E的吸收利用率降低而导致缺乏。

③ 土壤含硒量低是缺硒症的最根本原因。

④ 硒的一些拮抗元素影响硒的吸收。

2. 临床症状与病理变化

（1）脑软化症　病雏表现运动共济失调，头向下挛缩或向一侧扭转，有的前冲后仰，或腿翅麻痹，最后衰竭死亡。病变主要在小脑，脑膜水肿，有点状出血，严重病例见小脑软化或青绿色坏死。

（2）渗出性物质　主要发生于肉鸡，病鸡生长发育停滞，羽毛生长不全，胸腹部皮肤青绿色浮肿。病鸡的特征病变是颈、胸部皮下青绿色，胶冻样水肿，胸部和腿部肌肉充血、出血。

（3）鸡营养不良（白肌病）　病鸡消瘦、无力，运动失调，剖检可见胸、腿肌肉及心肌有灰白色条纹状变性坏死（图4-6）。

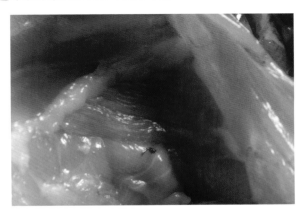

图4-6　肌肉灰白色条纹状变性坏死

（4）种鸡繁殖障碍　种鸡患维生素E-硒缺乏症时，表现为种蛋受精率、孵化率明显降低，死胚、弱雏明显增多。一般认为单一的维生素E缺乏时，以脑软化症为主；维生素E和硒同时缺乏时，以渗出性物质为主；而维生素E、硒和含硫氨基酸同时缺乏时，以白肌病为主。

3. 诊断

通过对饲料维生素E含量的分析，结合典型的症状、发病日龄和病理变化等，一般不难做出诊断。

4. 防治

① 饲料中添加足量的维生素E，每千克鸡日粮应含有10～15IU。

② 长期贮存的谷物或饲料应添加抗氧化剂。

③ 治疗时可在每千克饲料中添加维生素E 20IU，连用2周。渗出性素质病禽每只肌注0.1%亚硒酸钠生理盐水0.05mL，或每千克饲料添加0.05mg 硒添加剂。白肌病每千克饲料再加入亚硒酸钠0.2mg、蛋氨酸2～3g可收到良好疗效。脑软化症可用维生素E油或胶囊治疗。

八、锰缺乏症

锰是家禽正常生长、繁殖所必需的微量元素之一，对骨骼生长发育、蛋壳形成、胚胎发育及能量代谢都具有重要作用。锰缺乏症以骨短粗症或滑腱症为特征。

1. 病因

① 日粮中锰缺乏。

② 饲料中钙、磷含量过多时，会影响锰的吸收。

③ 饲料中胆碱、烟酸等含量不足，使家禽对锰的需要量增加。

2. 临床症状

雏鸡缺锰的特征症状是生长停滞，表现骨短粗症和滑腱症。临床常见跗关节肿大，胫骨变短增粗，胫骨下端和跖骨上端弯曲扭转，腓肠肌腱（后跟腱）从跗关节的骨槽中滑出而呈现脱腱症状，俗称"滑腱症"或"脱腱症"。

产蛋鸡缺锰时，表现为产蛋率下降，蛋壳变薄。受精蛋的孵化率显著下降，鸡胚大多数在将要出壳时死亡。

3. 诊断

① 雏禽胫骨短粗，有特征性的"脱腱症"。

② 蛋壳变薄易碎，孵化后期死胚多。

③饲料分析可见锰含量低。

4. 防治

（1）预防　配合饲料时注意添加锰。鸡对锰的需要量如下：每千克饲料，种鸡、肉鸡，0～6周龄雏鸡为60mg，7～20周龄及产蛋鸡为30mg。

（2）治疗　每千克饲料加入0.1～0.2g硫酸锰，混饲3～5天；或用1∶3000高锰酸钾溶液饮水，每日更换2～3次，连饮2天，以后再用2天。

九、骨骼发育异常

骨骼发育异常，是指维生素D缺乏或钙、磷吸收和代谢障碍导致的骨骼发育受阻，以雏鸡佝偻病和缺钙症状为特征。

1. 病因

① 日粮钙、磷的含量不足或缺乏。

② 日粮中维生素D不足。维生素D能够调节钙、磷的代谢，促进钙、磷的吸收。

③ 钙、磷比例失调。钙、磷在饲料中要有适当的比例才有利于吸收。

④ 氟过量。过量氟可影响骨的钙化、使骨骼脱钙，骨质变得疏松。

2. 临床症状

（1）钙缺乏　病雏鸡主要表现为生长发育受阻，喙和爪变得柔软，站立不稳，跛行，行走吃力或卧地不起。强行站立时两腿强直叉开呈"八"字形，或向内弯曲呈"O"形。成年鸡钙缺乏主要见于产蛋鸡，两腿变软无力，重者瘫痪，产蛋下降，蛋壳变薄或产软壳蛋。

（2）磷缺乏　临床特征为雏鸡突然发病，病初便出现明显跛行和站立困难，但食欲正常，虽然瘫痪但还采食。其症状与钙缺乏相似。

3. 病理变化

雏鸡喙壳变软，胸骨弯曲变形，严重者呈"S"形（图4-7）。脊柱骨质变软呈"S"形弯曲。最具诊断意义的病变是肋骨增粗变圆，质软弯曲呈"V"形或波浪状。

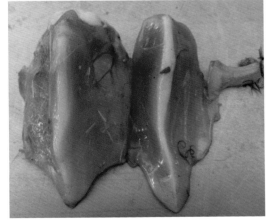

图4-7　胸骨弯曲变形

成年鸡钙缺乏的病变为骨骼变薄甚至发生骨折，尤以椎骨、肋骨、胫骨和股骨为最常见。

4．诊断

① 雏鸡喙、腿骨变软易弯曲，胸骨弯曲变形，严重者呈"S"形，肋骨增粗变圆，质软弯曲呈"V"形或波浪状。

② 产蛋鸡产蛋下降，蛋壳变薄或产软壳蛋。

5．防治

（1）预防 保证日粮中足够的钙、磷和维生素D，并且比例适当。生长鸡日粮中钙最适需要量为0.9%～1%，产蛋鸡的最适需要量为2.25%～3.25%，磷的最适需要量为0.55%～0.65%。钙、磷间的比例，一般生长期家禽日粮的钙、磷比例以2∶1为宜，产蛋鸡较高，约为3.5∶0.4。

（2）治疗 若日粮中磷多钙少，则主要是补钙，可选用贝壳粉。若日粮中钙多磷少，则在补钙的同时要重点补磷，可用磷酸氢钙、过磷酸钙等制剂。如果不具备化验条件，对发病鸡群可添加1%～2%的优质骨粉，同时补充维生素D_3，必要时可添加鱼肝油。

第二节 脂肪肝综合征

脂肪肝综合征又叫脂肪肝出血综合征，是发生于产蛋鸡的一种脂类代谢障碍性疾病。该病发病突然、病死率高，给蛋鸡养殖业造成较大的经济损失。

1．病因

遗传因素影响鸡脂肪肝综合征的发病率，肉种鸡对本病敏感性高于蛋用鸡。

长期饲喂高能量、高脂肪饲料，或饲喂过量饲料，导致摄入能量过多可促进本病发生；饲料中蛋白质含量过高，也可转化为脂肪蓄积。

高产蛋与高雌激素活性相关，而雌激素可刺激肝脏合成脂肪；笼养鸡活动空间少，采食过量，啄食不到粪便而缺乏B族维生素，也会刺激脂肪肝的发生；若产蛋高峰期，突然光照减少，饮水不足或其他应激因素引起产蛋下降，导致营养过剩转化为脂肪沉积；或当环境温度过高时，鸡体新陈代谢旺盛，血管充血膨胀，导致肝脏破裂出血并引起大量死亡。

此外，饲料中真菌毒素（黄曲霉毒素等）或油菜籽饼中芥子酸也可引起肝脏代谢障碍和脂肪沉积。

2. 临床症状

本病多发于重型鸡和肥胖的鸡，体重可超出正常20%～30%，多伏卧，很少运动，腹大而软绵下垂，可摸到厚实的腹部脂肪。产蛋率下降10%～40%，或根本达不到产蛋高峰。当拥挤、驱赶、捕捉不当时，往往突然发病，冠髯褪色乃至苍白，重病鸡嗜睡、瘫痪，可在数小时内死亡。

3. 病理变化

剖检可见病死鸡皮下、腹腔及肠系膜脂肪沉积。肝脏肿大，呈黄褐色或深黄色的油腻状，质脆易碎；有的病鸡因肝脏破裂而出现内出血，肝表面和体腔有大的血凝块（图4-8、图4-9）；腹腔内和肠表面有大量脂肪沉积；输卵管末端常有一枚完整而未产出的硬壳蛋。

图4-8 肝脏黄褐色，表面有大的血凝块

图4-9 肝脏黄褐色，腹腔中有大量脂肪沉积

4. 诊断

（1）临床诊断 根据病因、临床症状及病理变化可做出临床初步诊断。

（2）实验室诊断 可检测血液中胆固醇、血钙、雌激素等指标。

5. 防治

（1）育成期适当限饲　对体重达到或超过同日龄、同品种标准体重的育成鸡，限制饲喂，一方面可以保证蛋鸡体成熟与性成熟的协调一致，充分发挥鸡只的产蛋性能；另一方面也可防止鸡只过度采食，脂肪沉积过多，影响日后产蛋性能。

（2）严格控制产蛋鸡营养水平　供给营养全面的全价饲料，使各种营养物质既能满足禽的生理需要又不过剩。同时要注意补给蛋氨酸、胆碱、多维素和微量元素，不仅可防止脂肪在肝脏中沉积，还有利于提高产蛋量。

（3）加强饲养管理　夏季一定要注意防暑降温，及时供应充足清凉饮水。鸡舍内按时消毒，防止惊吓，保持合理饲养密度。

（4）治疗　本病尚无特效治疗方法，可适当对症治疗，缓解病情。如在每千克饲料中加入1g氯化胆碱、1.2g蛋氨酸、20IU维生素E、0.012mg维生素B_{12}、1g肌醇、0.3mg生物素、0.1g维生素C，连喂2周后，检查效果。

第三节　痛风

痛风又称尿酸盐沉着症，是因蛋白质代谢障碍引起的一种高尿酸血症。其病理特征为血液尿酸水平增高，以尿酸盐的形式沉积于在内脏器官或关节内。临诊表现为运动迟缓，关节肿胀，厌食，衰弱，排白色稀便。

1. 病因

（1）饲喂富含核蛋白和嘌呤碱的蛋白质饲料　如动物内脏、肉屑、鱼粉、大豆和豌豆等，核酸分解产生过多的尿酸盐，超出机体的排出能力。

（2）饲料高钙低磷和维生素A缺乏　高钙低磷可引起钙异位沉着，引起钙盐性痛风；维生素A缺乏可引起肾小管、输尿管上皮代谢障碍使尿酸排泄受阻。

（3）肾功能不全　如磺胺类药中毒、霉玉米中毒、肾型传染性支气管炎和传染性法氏囊病等均可引起不同程度的肾脏损伤，造成尿酸盐的排出障碍。

2. 临床症状与病理变化

本病多发生于生长期的雏鸡和成鸡，据尿酸盐在体内沉积部位不同，分为内脏型痛风和关节型痛风。

（1）内脏型痛风　比较多见，但临诊上通常不易被发现。病鸡表现食欲不振，鸡冠苍白，腹泻，排出白色半黏液状稀粪。病鸡常突然死亡，病死率很高。剖检可见肾脏肿大，色淡或苍白，肾小管因蓄积尿酸盐而变粗，使肾表面呈花斑状。输尿管明显变粗，充满白色尿酸盐或形成尿酸盐结石。在肾脏、心包、肝、脾、肠系膜及胸、腹膜的表面散布一层白色石灰粉样物质（图4-10～图4-13）。

图4-10　脏器表面有白色尿酸盐沉积

图4-11　心包表面有尿酸盐沉积

图4-12　内脏型痛风

图4-13　肾脏苍白肿胀，肾小管变粗

（2）关节型痛风　较少见，常表现为趾、腿、翅等关节肿大，疼痛，行动迟缓，跛行，站立困难，多蹲伏。剖检时，切开肿胀关节，关节腔内有白色石灰乳样尿酸盐沉积（图4-14），严重时关节面及关节软骨组织发生溃烂、坏死。

图4-14　关节腔内有尿酸盐沉积

关节型痛风和内脏型痛风有时可混合发生。

3. 诊断

（1）初步诊断　根据病因、病史、特征性症状和病理变化可做出初步诊断。

（2）确诊　确诊需要做实验室诊断。可采病鸡血液检测其尿酸含量，采取肿胀关节的内容物进行化学检查等。

4. 防治

（1）预防　加强饲养管理，合理配料，严格按营养标准进行日粮配合。尤其注意饲料中钙、磷比例要适当；蛋白含量不可过高（20%以下），防止过量添加鱼粉等动物性蛋白；适当提高维生素，尤其是维生素A的用量。避免使用对肾脏有损害的药物，如磺胺类药物、庆大霉素、卡那霉素和链霉素等。

（2）治疗　本病目前尚无特别有效的治疗方法。大群发病时，可降低饲料中蛋白质含量；提高维生素A和多维素的添加量；调节饲料钙、磷比例；给予充足饮水；同时，大群鸡可用肾脏解毒类或利尿类药物饮水，可提高肾脏对尿酸盐的排泄能力。

第四节　肉鸡腹水综合征

肉鸡腹水综合征（Ascites syndrome）又称为肉鸡肺动脉高压综合征，是由多种致病因子共同作用引起的以腹腔积水为特征的非传染性疾病。

本病1946年首次报道于美国，目前已广泛分布于世界各地，成为危害世界肉鸡养殖业的重要疾病之一。

1. 病因

（1）遗传因素　本病常见于快速生长型的肉鸡，尤其AA肉鸡、艾维茵肉鸡发病率高于其他品种，且公鸡的发病率高于母鸡。这是长期以来遗传选育的结果，肉鸡快速生长的同时，其心肺功能并未得到相应改善，供氧能力接近极限，超出了肺系统的发育与成熟程度，加上肉仔鸡前腔静脉、肺毛细血管发育不全，管腔狭窄，血流不畅，导致肺动脉升高，右心室扩张，甚至心力衰竭。

（2）诱发因素

① 本病的发生主要与缺氧有关，缺氧可导致肺动压升高，促使心脏过速运动，从而造成心脏疲劳、衰竭及静脉压升高，严重时可导致静脉血管通透性增强，形成腹水，而腹水大量聚积后又压迫心脏，加重心脏负担，使鸡只的呼吸更加困难。舍内通风不良，二氧化碳、氨、一氧化碳、硫化氢等有害气体增多，导致鸡舍含氧量下降；鸡舍内采用煤炉取暖，增加了鸡舍内的耗氧量；高海拔地区空气稀薄，氧气浓度低，易发生本病，所以本病最初被称作"高海拔病"。

② 本病多发于寒冷季节，天气寒冷时肉鸡的代谢率升高，需氧量也随之增加，而且寒冷时为了保温而减少通风，导致空气污浊，含氧量下降，加重缺氧状态。

③ 日粮蛋白和能量过高或饲喂颗粒料可使肉鸡采食量增加，生长速度提高，从而导致对氧的需要量增加，促进本病发生。

④ 鸡只患呼吸系统疾病，机体缺氧时会发生腹水；大量使用有损心脏功能的药物易引起腹水症。饲料中维生素E、硒的缺乏，引起腹水；饲料黄曲霉素超标及饲喂变质油脂均可破坏肝功能，改变血管通透性，引起腹水。

163

⑤ 种蛋孵化过程正是鸡胚心、肺等器官的发育过程，胚体对孵化过程环境条件的变化异常敏感，任何导致孵化器内氧含量不足的情况均可使新生雏鸡腹水综合征发病率升高。

2. 临床症状

本病2～3周龄快速生长的肉仔鸡多发，死亡高峰多见于4～7周龄。病鸡精神不振，食欲降低，最典型的症状是腹部膨大，似水袋样，皮肤变薄发亮，用手触压有波动感，病鸡不愿站立，以腹部着地，行动缓慢，似企鹅状走动。呼吸困难，皮肤发绀。

3. 病理变化

病死鸡全身淤血，最典型的剖检变化是腹腔积有大量的清亮、透明的淡黄色液体，液体中可混纤维素块或絮状物，腹水量50～500mL不等（图4-15、图4-16）。肝充血肿大，紫红色，有的表面附有灰白或淡黄色胶冻样物。心包积液，右心扩张肥大，心壁变薄，心肌弛缓。肺部淤血水肿，肾充血肿大。

图4-15　腹水（一）

图4-16　腹水（二）

4．诊断要点

（1）初步诊断　根据病史、临床症状和典型病理变化可做出初步诊断。

（2）鉴别诊断　应注意与继发性因素引起的肉鸡腹水综合征的鉴别诊断，如曲霉菌性肺炎、鸡白痢、大肠杆菌病、食盐中毒、硒和维生素缺乏症等。

5．防治

肉鸡腹水综合征是多种因子共同作用的结果，因此，对腹水症的防治应采取综合性措施。

（1）早期限饲　对20日龄前的肉仔鸡合理限饲是预防本病的有效措施。限饲能减缓肉鸡早期的生长速度，使氧气的供需趋于平衡。限饲方法有很多种，可以限量饲喂、隔日饲喂、减量限饲，用粉料代替颗粒料，以低能量和低蛋白的日粮代替高能量高蛋白日粮，或控制光照等。

（2）加强饲养管理　控制饲养密度，每平方米饲养面积养鸡数不超过12只。改善饲养环境，鸡舍注意通风，保证氧气供应，保持适宜的舍温。鸡群保持足够的运动量，增强鸡只体质。保持鸡舍卫生，减少二氧化碳、氨、一氧化碳、硫化氢等有害气体的浓度。给予全价、平衡的饲料，满足鸡只生长需要，尤其应满足其对各种维生素及矿物质的需要，确保饲料不霉变。饲料中加入脲酶抑制剂，降低肠道内氨的浓度。

（3）建立科学的免疫程序　预防传染性喉气管炎、传染性支气管炎、新城疫等呼吸系统疾病。冬春季节尽量不使用活毒疫苗，以免对肺组织造成损害。科学用药，防止不利药物使用过量。

（4）用药物治疗　必要时，腹腔穿刺放水，饲料中添加利尿剂、维生素类，并调整饲料中的食盐含量，限制鸡只饮水量。

第五节　肉鸡猝死综合征

肉鸡猝死综合征（Sudden death syndrome，SDS），又称急死综合征、暴死症、翻跳病，即肉鸡在没有任何外部症状的情况下突然死亡，是发生于肉鸡生产中的一种非传染性疾病。

该病广泛分布于世界上许多国家和地区，近年来由于饲养水平的提高，对肉鸡业的危害日益严重。

此病多发生于2～8周龄肉鸡群，发病率1%～4%或更高。死亡高峰在2～4周龄。肉鸡在采食、饮水等正常状态下突然平衡失调，强烈拍动翅膀，肌肉强直，蹦跳，短时间内死去。

1. 病因

（1）应激因素　本病的发生主要与应激因素密切相关，即应激在很大程度上能诱导SDS发生率的提高。如突然更换饲料、抓鸡、转群、清粪、噪声、异常响动及饲养管理人员的突然靠近、走动等均易使鸡群受到惊吓，使其交感神经兴奋，肾上腺素分泌增加，心脏冠状动脉收缩，心脏供氧障碍，导致心脏骤停而发生猝死综合征。

（2）与鸡的遗传育种有关　目前肉鸡培育品种逐步向快速型发展，生长速度快，体重大（尤其是对2～3周龄的雏鸡，采食量大而不加限制，造成急性快速生长），而自身内脏系统（如心脏、肺脏、消化系统）发育不完全，导致体重发育与内脏不同步。

（3）与饲养有关　营养较好、自由采食和吃颗粒饲料的鸡发病严重。饲喂低蛋白日粮、脂肪含量高的日粮、葡萄糖含量高的日粮猝死综合征的发病率较高。营养不平衡、酸碱平衡失调，血钾和血磷低的鸡发病率高。温度高、湿度大、通风不良、连续光照者死亡率高。

（4）与新陈代谢、酸碱平衡失调有关　猝死症病鸡体膘良好，嗉囊、肌胃装满饲料，导致血液循环向消化道集中，血液循环发生了障碍，出现心力衰竭。

2. 临床症状

本病多发病饲养管理好，生长速度快、饲料报酬高的鸡群。病鸡死前无任何异常，突然发病，失去平衡，向前或向后跌倒，翅膀剧烈扇动和强直性肌肉痉挛，约1分钟死亡。有的鸡发作时狂叫或尖叫。死后多数为两脚朝天、背部着地、颈部扭曲（图4-17）。

图4-17　病鸡背部着地死亡

任何惊扰和应激都可激发本病的发生，死亡鸡多是鸡群中生长速度较快，体重较大的。

3. 病理变化

尸体丰满，消化道特别是嗉囊和肌胃充满食物；肝稍肿大，质脆，色苍白，胆囊空虚。肾呈浅灰色或苍白色。脾、甲状腺和胸腺全部充血。胸肌、腿肌湿润、苍白。肺弥漫性充血，气管内有泡沫状渗出物。心脏稍有扩张，心房充满血凝块，心室挛缩无血。

4. 诊断要点

（1）临床诊断　在排除细菌、病毒感染及中毒的情况下，如果鸡只营养状况良好，但是突然死亡，根据消化道中积有刚食入的食物，心房扩张淤血、心室紧缩等病变可做出诊断。

（2）实验室检查　死亡鸡血清总脂含量升高，公鸡肝脏甘油三酯和心脏花生四烯酸含量较高，可为确诊提供依据。

5. 防治

① 在饲养前期饲料营养水平不可太高，建议保持在维持水平即可，另外可改破碎料为相同成分的粉料。添加生物素。在饲料中添加生物素已被证实是降低SDS死亡率的有效方法。添加碳酸氢钠。饲喂乳糖，在开食料中添加2.5%的乳糖，既可增加体重，又可降低死亡。

② 改善饲养管理条件。保持环境安静，减少应激。尽量避免噪声、光照时间过长或强光等应激。对于不可避免的免疫、更换饲料、气候变化等应激，可先在饲料中添加抗应激药物如琥珀酸、延胡索酸等，可提高鸡只的抗应激能力，从而减少因此而诱发SDS。

③ 目前尚无好的疗法，若肉鸡群中出现猝死病例，则可用碳酸氢钾饮水（0.62g/只）或在日粮中添加碳酸氢钾（3.6g/kg），能明显降低发病鸡群的死亡率。

第六节　啄癖

啄癖是由于代谢机能紊乱，味觉异常或饲养管理不当等引起的一种非常复杂的多种疾病的综合征。本病在鸡场常有发生，常见的有啄羽、啄趾、啄背、啄肛等。且一旦发生，往往难以制止，不仅鸡体造成创伤，还会影响生长发育，甚至引起死亡，带来很大的经济损失。

1. 病因

发生本病的原因很复杂，但主要原因大致如下。

① 缺乏某种营养，如日粮中必需氨基酸缺乏易引起啄肛或啄羽；食盐缺乏会促使鸡群喜欢啄食带有咸味的血迹，易诱发啄癖；此外，钙、铁、硫、锌等矿物质不足，维生素缺乏，或粗纤维含量很低也可诱发啄癖。

② 饲养管理不当。饲养密度过大，活动场所过小；采食、饮水过于拥挤；或料水不足，鸡饥渴时也会发生啄癖。鸡舍内通风不好，尤其是夏季高温时，易发生啄肛癖。光照太强，光照度不合理，易导致鸡群兴奋而互啄；阳光直射入鸡舍，产蛋鸡暴露在阳光下，不能安静产蛋，常在匆忙间产蛋后肛门外突，易引起其他鸡啄食；不同年龄、不同品种、强弱混群饲养，也会发生啄癖。不及时拣蛋，蛋壳薄以至破损，被母鸡啄食后就会发生和蔓延啄蛋癖。

③ 皮肤有疥癣或外寄生虫时，起初因刺激皮肤导致自行啄羽，有创伤后，其他鸡群起啄食创伤处。

2. 临床症状

异食癖患禽症状明显，临床上常见以下几种类型。

（1）啄肛癖　育雏期发生较多，在鸡群中常见一群鸡追啄一鸡的肛门，啄破而出血，重者直肠被啄出，引起死亡。产蛋鸡在产蛋初期、后期，因产蛋导致泄殖腔外翻，造成互啄。

（2）啄趾癖　多发于雏鸡，雏鸡相互啄食脚趾，引起出血或跛行，严重的可啄断脚趾。

（3）啄羽癖　常见于幼雏换羽期和产蛋母鸡换羽期，尤其是当年的高产新鸡最易发生。先是个别鸡自食或相互啄食羽毛，导致出血，很快就会在鸡群中广泛传开，严重的会影响鸡群的生长发育和母鸡产蛋量。

（4）啄蛋癖　多见于高产鸡群和产蛋旺季。最初是蛋被踩破啄食引起，很快争相啄蛋分而食之。

此外，鸡群中某些鸡也可能发生啄食异物的行为，如啄食稻草、墙上石灰、粪便等。

3. 防治

（1）断喙　雏鸡7～9日龄时应用电动去喙器进行断喙，一般上喙去除1/2，下喙去除1/3，70日龄时再修喙一次。

（2）合理分群　按鸡的品种、年龄、公母、大小分群饲养，以避免发生啄斗。

（3）及时补充日粮所缺的营养成分　检查日粮是否达到了全价营养，找出所缺乏的营养成分并及时补充，保持日粮营养均衡。

（4）改善饲养管理 消除各种不良因素或应激原的刺激，如疏散密度，防止拥挤；通风，室温适度；调整光照，防止强光长时间照射，产蛋箱避开暴光处；及时捡蛋，以免被踩破或被啄食；饮水槽和料槽放置要合适；饲喂时间要安排合理，肉鸡和种禽在饲喂时要防止过饱，限饲日也要少量给饲，防止过饥；防止笼具等设备引起外伤。只要认真管理，便可收到效果。

（5）隔离饲养、及时淘汰 有啄癖的鸡和被啄伤的鸡，要尽快地挑出隔离饲养，被啄伤的伤口，可以涂以有气味的药物如鱼石脂、松节油、紫药水等治疗，症状严重的应及时淘汰。

（6）进行针对性治疗 查明发病原因，大群进行针对性治疗，如蛋白质和氨基酸不足，则需添加豆饼、鱼粉、血粉等；若是缺乏铁和维生素B_2引起的啄羽癖，则应添加硫酸亚铁和维生素B_2；若暂时弄不清楚啄羽病因，可在饲料中加入1%～2%石膏粉，或是每只鸡每天给予0.5～3g石膏粉；若是缺盐引起的恶癖，在日粮中添加1%～2%食盐，并供足饮水；若缺硫引起啄肛癖，在饲料中加入1%硫酸钠。

第七节 中暑

中暑又称热应激、热衰竭，是家禽在高温环境下，由于体温调节及生理机能趋于紊乱而发生的一系列的异常反应，是日射病（源于太阳光的直接照射）和热射病（源于环境温度、湿度过高，体热散发不出去）的总称。本病以急性死亡为特征，并伴有生产性能下降，是炎热酷暑季节鸡的常见病。

1. 病因

本病发生的直接原因是禽舍及周围环境温度超过了机体的耐受能力，当夏季气温过高，湿度过大，鸡舍通风不良，鸡群过分拥挤，饮水供应不足时，均可引起中暑。一般气温超过36℃时可发生中暑，环境温度超过40℃时，可发生大批死亡。

2. 临床症状

病初呼吸急促，心跳加快，张口喘气，翅膀张开下垂，发出"嘎嘎"声，鸡冠、肉髯先充血鲜红，后发绀（蓝紫色），有的苍白。食欲减退，饮水增加。产蛋禽产蛋下降，蛋重减轻，蛋壳变薄、变脆；处于生长期的鸡，生长发育受阻，增重减慢；种公禽精子生成减少，活力降低，母禽则受精率下降，种蛋孵化率降低。

当环境温度进一步升高时，病鸡食欲废绝，排水便，不能站立，昏睡、虚脱而死。死亡多在下午和上半夜，笼养鸡比平养鸡严重，笼养鸡上层死亡较多。

3. 病理变化

尸体剖检腹腔脏器温度升高，触之烫手。血液凝固不良，肺脏淤血，肺水肿，胸膜、心包膜及肠黏膜都有淤血；腺胃变薄变软，肝脏表面有散在出血点（图4-18），脑及脑膜的血管淤血，并有出血点，脑组织水肿。

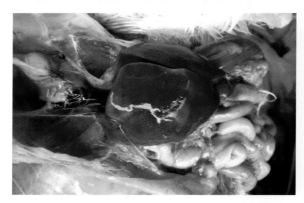

图4-18　肝脏表面有散在出血点

4. 诊断

本病根据当日气温情况和发病表现较易诊断。

5. 防治

（1）搞好鸡舍建设及周围绿化　鸡舍建筑不能太矮，开设足够的通风孔，安装必要的通风设备，如风扇、水帘、喷水等；鸡舍周围植树遮阴，搞好绿化，可降低热辐射的50%～60%，但不要影响鸡舍自然通风。

（2）加强饲养管理　气温过高时可通过加强纵向通风或喷水降温降低鸡舍温度，还可以在进风口处设置水帘，使空气温度降低后再进入鸡舍。供足新鲜清洁饮水，上午10时到下午4时，每2h换水1次；实行早晚光照法，早4时开灯，晚9时闭灯，开灯后10～15min喂料。调整饲料配比，使用高浓度日粮。

（3）日粮中补加抗热应激添加剂　维生素C对热应激的效果明显，每千克饲料加入200～400mg，混饲；氯化钾，每千克饲料加入3～5g，混饲，或每升水加入1.5～2.0g，混饮；碳酸氢钠，每千克饲料加入2～5g，混饲，或每升水加入1～2g，混饮（夏季混饮用量不宜超过0.2%）。

（4）发病后处理　一旦发现鸡只卧地不起呈昏迷状态时，尽快将其移至通风阴凉处，对鸡体用冷水喷雾、浇泼或冷水浸湿鸡体。用小苏打水或0.9%盐水饮喂，一般会迅速康复。

第五章

鸡中毒病防治

第一节　中毒病的特点及处理

一、中毒病的特点

　　中毒病不同于一般的疾病，其发病具有一定的特殊性，一般具有以下特点。

　　（1）普遍性　　几乎所有的国家和地区都有动物中毒病的报道，只是由于地理、气候、物种、环境的不同在中毒病的类型上有所差异。

　　（2）群发性　　在同样饲养管理条件下许多鸡突然同时发病，临床症状相同或相似。

　　（3）地域性　　某些有毒植物中毒、环境污染及矿物元素中毒等，均具有明显的地域性特点。

　　（4）季节性　　某些中毒的发生具有明显的季节性。

　　（5）无传染性　　尽管中毒病可大群或呈地方性发生，但无传染性。

　　（6）无体温反应　　发病鸡体温一般正常或低于正常。

　　（7）经济损失严重　　主要因直接死亡，降低各种鸡产品（肉、蛋、羽毛）的数量和质量，降低孵化率，疾病防治等造成巨大的经济损失。

二、中毒病的处理

　　发现鸡中毒以后，必须采取如下处理措施。

　　（1）切断毒源　　必须立即停喂可疑有毒的饲料或饮水。

　　（2）阻止或延缓机体对毒物的吸收　　对经消化道接触毒物的病鸡，可按照毒物的性质投服吸附剂、黏浆剂或沉淀剂，以延缓毒物的吸收。

（3）排出毒物　可按照具体情况选用切开嗉囊冲洗或泻下。

（4）解毒　使用特效解毒剂，如有机磷农药中毒，对于呈现症状的鸡，应立即使用胆碱酯酶复活剂（解磷定或氯磷定），每只鸡肌肉注射0.2～0.5mL，并同时每只鸡皮下或肌内注射阿托品0.1～0.25mg。而氟乙酰胺农药中毒，可用解氟灵按每千克体重0.1g肌内注射，中毒严重的病例还要使用氯丙嗪。

（5）对症治疗　中毒鸡群用葡萄糖溶液饮服，以增强肝脏的解毒功能。此外还应调整鸡体内电解质和体液，增强心脏机能，维持体温。

第二节　常见中毒病

一、黄曲霉菌毒素中毒

黄曲霉菌毒素中毒是由黄曲霉毒素引起的中毒病。其临床特征是全身出血、消化机能紊乱并伴有腹水和神经症状；剖检特征是肝细胞变性、坏死、出血，胆管和肝细胞增生。如果长期小量摄入，还有致癌作用。

1. 病因

黄曲霉菌毒素是由黄曲霉菌和寄生曲霉菌代谢而产生的一种有毒物质。黄曲霉菌和寄生曲霉菌广泛存在于自然界，在温暖潮湿的环境中最易生长繁殖，产生黄曲霉毒素，主要污染玉米、花生、豆类、棉籽、麦类、大米、秸秆及其副产品。鸡采食了这些发霉变质的饲料即可发生中毒。

2. 临床症状

雏鸡中毒主要表现为食欲不振，生长不良，贫血，冠苍白，拉血色稀粪，叫声嘶哑。慢性中毒症状不明显，主要食欲减少，消瘦，衰弱，贫血，表现全身恶病质现象，时间长者可产生肝组织变性（即肝癌）。开产期推迟，产蛋下降，蛋小。

3. 病理变化

特征病变主要在肝脏。鸡急性中毒时肝脏肿大为正常的2～3倍，质地变硬，有时可见有肿瘤结节，色泽苍白变淡，有出血斑点或坏死；胆囊扩张；肾脏苍白、肿大，质地脆弱；胰腺有出血点；胸、腿部肌肉有出血点。慢性中毒时肝脏发生硬化、萎缩，呈土黄色，偶见紫红色，质地坚硬，表面有白色点状或结节状增生病灶；肾出血；心包和腹腔有积水（图5-1～图5-3）。

图5-1　肝脏肿大、苍白

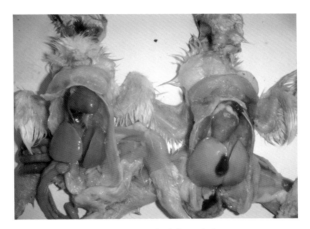

图5-2　肝脏肿大、出血

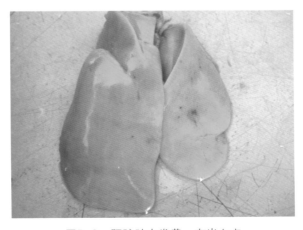

图5-3　肝脏肿大发黄，有出血点

4. 诊断

首先要调查病史，检查饲料品质与霉变情况，再结合症状和病理变化等进行综合分析，可做出初步诊断。

5. 防治

（1）防霉　预防本病最根本的措施是防止饲料发霉，不饲喂发霉饲料。防霉的根本措施是破坏霉变的条件，主要是控制水分和温度。

（2）去毒　对霉变饲料可挑选霉粒或霉团。用以下方法去除黄曲霉毒素：用石灰水浸泡或碱煮、漂白粉、氯气等方法解毒；辐射处理法；氨气处理法；利用微生物（无根霉、米根霉）的生物转化作用，使黄曲霉毒素解毒，转变成毒性低的物质；采用热盐水浸泡，是经济安全的好方法，但需时较长；加热加压相结合的办法对许多霉菌及毒素有破坏作用，但黄曲霉毒素、玉米赤霉烯酮、单端孢霉毒素对热的反应稳定。

（3）用霉菌抑制剂或霉菌毒素吸附剂　可以向饲料中加入抗霉菌剂以防发霉，用于谷物和粉料中的药物有4%丙二醇或2%丙酸钙；或加入霉菌毒素吸附剂。

（4）治疗　本病目前尚无特效疗法，发现中毒应立即更换新鲜饲料，对急性中毒的雏鸡用5%的葡萄糖水，每天饮水4次，并在每升饮水中加入维生素C 0.1g。尽早服用轻泻剂，促进肠道毒素的排出，如用硫酸钠，按每只鸡每天1～5g溶于水中，连用2～3天。

二、食盐中毒

食盐中毒是指鸡只摄取食盐过多或连续摄取食盐而饮水不足，导致中枢神经机能障碍的疾病。其实质是钠中毒。有急性中毒与慢性中毒之分。

1. 病因

引起本病的主要原因是饲料中食盐浓度过高。

① 鱼粉的含盐量过高或添加过多，这是鸡食盐中毒最常见的原因。

② 饲料配方计算失误。

③ 食盐在饲料中搅拌不均匀。

④ 饮水含盐高。

⑤ 饮水供应不足。

⑥ 高温环境下维生素E、钙、镁及合硫氨基酸缺乏时，增加食盐中毒的敏感

性。当雏鸡饲料中含盐量高达0.7%、成年鸡饲料中含盐量达到1%时，即会引起明显的口渴感和粪便含水量增加；若雏鸡饲料中含盐量达到1%，成年鸡饲料中含盐量达到3%时，即可引起中毒。

2．临床症状

病鸡精神沉郁，不食，饮欲异常增强，饮水量剧增。口、鼻流黏液，嗉囊胀大，水泻。肌肉震颤，两腿无力，运动失调，行走困难或瘫痪。呼吸困难，最后衰竭死亡。

3．病理变化

剖检可见皮下组织水肿，食道、嗉囊、胃肠黏膜充血、出血，黏膜脱落。心包积水，心脏出血，腹水增多，肺水肿，脑膜水肿、充血（图5-4）。

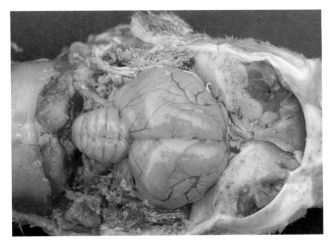

图5-4 脑膜水肿、充血

4．诊断

根据鸡群口渴暴饮及神经症状可做出初步诊断。该病还应注意与禽脑脊髓炎、聚醚类抗生素中毒等病症相鉴别。

5．防治

严格控制饲料中食盐添加量，添加盐粒要细，并且在饲料中搅拌要均匀，平时饲喂干鱼和鱼粉要测定其含盐量，保证给予充足饮水。

若发现可疑食盐中毒时，应立即停止饲喂含盐量多的饲料，改换其他饲料。饮水中可加入5%葡萄糖或添加适量的维生素C。严重中毒鸡要适当控制饮水，间断地逐渐增加饮水量，也可在糖水中另加0.5%的醋酸钾和适量维生素C，连用3～4天。

三、磺胺类药物中毒

1. 临床症状

雏鸡表现精神沉郁，全身虚弱，食欲锐减或废绝，呼吸急促，冠髯青紫，可视黏膜黄疸，贫血，翅下有皮疹，粪便呈酱油色，有时呈灰白色，蛋鸡产蛋急剧下降，出现软壳蛋，部分鸡死亡。

2. 病理变化

中毒鸡全身性出血，包括皮肤、肌肉、内脏器官等；骨髓色泽变浅或黄染；心肌呈刷状出血斑纹；肝淤血肿大；肾脏肿大，呈土黄色，输尿管增粗，有白色尿酸盐沉积。

3. 防治

（1）预防　1月龄以下的雏鸡和产蛋鸡应避免使用磺胺类药物；各种磺胺类药物治疗剂量不同，应严格掌握，防止超量，连续用药时间不超过5天。选用含有增效剂的磺胺类药物，如复方敌菌净、复方新诺明等。治疗肠道疾病，如球虫病等，应选用肠内吸收率较低的磺胺药，如复方敌菌净等。用药期间务必供给充足的饮水。

（2）治疗　发现中毒应立即停药，供给充足的饮水，并于其中加1%～2%的小苏打，每千克饲料加维生素C 0.2g，维生素K 35mg，连续数日至症状基本消失为止。

四、痢菌净中毒

痢菌净又称乙酰甲喹，是人工合成的广谱抗菌药物，价格低廉，对大肠杆菌病、沙门氏菌病、巴氏杆菌病等都有较好的治疗作用，在养鸡生产中被广泛应用。本品对哺乳动物较为安全，但对禽类敏感，如果使用不当，就会引起鸡群中毒。

1. 临床症状

病鸡精神沉郁，不食，黄色稀粪，瘫痪，尖叫，死前痉挛，角弓反张。发病率高，死亡率高，尤以20日龄以内的雏鸡严重。

2. 病理变化

剖检可见腺胃乳头肿胀、糜烂，乳头呈暗红色出血、陈旧性出血（图5-5），腺胃、肌胃交界处有出血或溃疡（图5-6、图5-7），肌胃角质层脱落，角质层下有出血或溃疡；盲肠肠黏膜出血，盲肠内容物红色，肠壁变薄；小肠中段有规则出血斑；肝肿大，暗红色，有出血点（图5-8）；肾偶见肿大。心外膜及心内膜有时可见出血。

图5-5　腺胃乳头出血

图5-6　腺胃乳头出血，腺胃、肌胃交界处出血

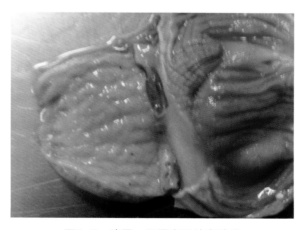

图5-7　腺胃、肌胃交界处有溃疡

图5-8　肝脏肿胀，暗红色

3．诊断

根据病史、症状及剖检变化可以做出诊断。但应注意与盲肠球虫病、新城疫等进行鉴别诊断。

4．防治

预防本病的关键是合理使用痢菌净，不超量使用；2周内的雏鸡尽量不要使用本品；搞清楚所用兽药的有效成分，不随便使用无药物成分标示的兽药；不得长期连续使用本品；兽药主管部门要加大检查力度，严厉查处假冒伪劣兽药。

本病无特效解毒药，要早确诊，早停药。可以在饮水中加入葡萄糖和多维素。

五、马杜拉霉素中毒

马杜拉霉素为新型聚醚类广谱高效抗球虫药物，其抗球虫谱广，作用强，用药剂量小，使用不当易引起中毒。

1．病因

（1）剂量加大　该药规定用量和中毒量很接近。目前市售的含马杜拉霉素的商品药物较多，一些用户习惯于加倍使用，或将几种含该药的商品药联合使用，或在已经添加马杜拉霉素的浓缩料中随意添加药物，造成用量过大。

（2）混合不均　马杜拉霉素混料不均，特别是用纯粉拌料更为危险。

2．临床症状

病鸡发病迅速，采食减少，饮欲增加。特征性症状表现为腿部麻痹，严重时瘫痪，侧卧地面，两腿向后伸直，排绿色稀粪，体温降低。

3. 病理变化

剖检可见肠壁增厚，肠黏膜充血、出血，以十二指肠最为严重。肝肿大，质脆、出血。肾脏肿大，有的有尿酸盐沉积。

4. 诊断

根据鸡群用药情况调查结果，结合临诊症状（软脚、瘫痪、侧卧地面）等进行诊断。

5. 防治

① 严格按规定量使用，切忌超量用药，并在使用时做到计算和称量准确，混饲时须拌匀。

② 本品仅用于肉鸡，休药期为5天，产蛋鸡禁用。禁与其他抗球虫药并用。

③ 发现中毒，应立即停用该药或更换饲料，可于15L饮水中加口服补液盐250g，速补14类水溶性多维素30g，连续用至基本康复。

六、一氧化碳中毒

一氧化碳中毒也称煤气中毒，是由于鸡吸入一氧化碳气体所引起的以机体缺氧为特征的中毒疾病。

1. 病因

在鸡舍烧煤加温，由于暖炕裂缝，或烟囱堵塞、倒烟，门窗紧闭、通风不良等原因，会导致一氧化碳不能及时排出，室内一氧化碳浓度急剧上升，鸡群吸入后可引起中毒。

2. 临床症状

中毒鸡群中普遍出现呼吸困难、不安，不久即转入呆立或瘫痪，昏睡，死前发生痉挛和惊厥。

3. 病理变化

特征性病变为血管和各脏器内的血液呈鲜红色或樱桃红色。

4. 防治

鸡舍和育雏室采用煤火取暖装置应注意通风条件，以保持通风良好，温度适宜。一旦出现中毒现象，应迅速开窗通风。

参考文献

[1] Y.M.Saif 主编. 禽病学. 苏敬良, 高福, 索勋主译. 第十二版. 北京. 中国农业出版社, 2012.

[2] 刘金华, 甘孟侯. 中国禽病学. 北京: 中国农业出版社, 2016.

[3] 刁有祥. 禽病学. 北京: 中国农业科学技术出版社, 2012.

[4] 徐建义. 禽病防治. 第二版. 北京: 中国农业出版社, 2012.

[5] 李生涛. 禽病防治. 第二版. 北京: 中国农业出版社, 2009.

[6] 林建坤. 养禽与禽病防治. 第二版. 北京: 中国农业出版社, 2014.

[7] 杨慧芳. 养禽与禽病防治. 第二版. 北京: 中国农业出版社, 2015.

[8] 郑明球. 家畜传染病学实验指导. 第三版. 北京: 中国农业出版社, 2005.

[9] 邝荣禄. 禽病学. 北京: 中国农业出版社, 1995.

[10] 高波. 鸡病防控与治疗技术. 北京: 中国农业出版社, 2003.

[11] 郭玉璞. 家禽传染病诊断与防治. 第二版. 北京: 中国农业大学出版社, 1999.

[12] 毛春生, 章金钢. 家禽防疫技术. 北京: 中国农业出版社, 1996.

[13] 傅先强, 刘占君. 养禽场禽病检验手册. 北京: 中国农业大学出版社, 1992.

[14] 辛朝安. 禽病学. 北京: 中国农业出版社, 2003.

[15] 于致茂. 最新实用鸡病诊断与防治. 北京: 中国农业出版社, 2000.